热平均效应下光缔合及定向理论

胡晋伟 著

化学工业出版社
·北京·

内容简介

本书以超冷铯原子光缔合、高温镁原子光缔合和大温度范围内碘化钠分子定向为例，介绍了热平均效应对双原子体系光缔合及定向动力学的影响。 全书共6章，第1章概括介绍双原子体系光缔合及定向动力学光物理化学现象研究背景；第2章介绍双原子体系的定态薛定谔方程和动力学方程，以及随机相位波包方法的基本理论；第3章介绍超冷温度下，能量本征态的热平均效应对铯原子光缔合概率的影响；第4章介绍使用全维随机相位波包方法研究初始态热平均效应对高温镁原子光缔合的影响；第5章是在第4章的基础上，介绍热平均效应下，镁原子光缔合过程中，多种跃迁路径对布居转移动力学的影响；第6章使用全维随机相位波包方法分析了不同初始温度对单周期太赫兹脉冲实现碘化钠分子定向的影响。

本书可供原子与分子物理相关专业师生使用，也可供相关科研人员参考。

图书在版编目（CIP）数据

热平均效应下光缔合及定向理论 / 胡晋伟著.
北京 : 化学工业出版社, 2025. 1. -- ISBN 978-7-122
-46776-8

Ⅰ. O561. 4; O562. 4

中国国家版本馆 CIP 数据核字第 2024QE8577 号

责任编辑：金林茹　　装帧设计：关　飞
责任校对：边　涛

出版发行：化学工业出版社
（北京市东城区青年湖南街 13 号　邮政编码 100011）
印　　装：北京天宇星印刷厂
710mm×1000mm　1/16　印张 8　字数 125 千字
2025 年 3 月北京第 1 版第 1 次印刷

购书咨询：010-64518888　　售后服务：010-64518899
网　　址：http://www.cip.com.cn
凡购买本书，如有缺损质量问题，本社销售中心负责调换。

定　　价：79.00 元

前言

激光场与物质相互作用是原子与分子物理中一个非常重要的研究领域。激光具有相干性强、能流密度高、脉冲持续时间短、波形可控等特点，研究激光与原子分子相互作用，有助于实现物质结构精密探测，以及发现新奇物理化学现象，也有助于实现对物质量子态或化学反应的精确调控。在激光的作用下，原子分子会发生多种光物理化学现象，其中光缔合和分子定向就是两种重要的现象。

得益于激光的相干性，两个碰撞原子可以在激光诱导下，通过受激辐射或者吸收结合成分子，这个过程被称为光缔合。它涉及从散射连续态到束缚态，从浅束缚态到深束缚态的跃迁过程。光缔合也可以理解为光解离（激光诱导分子断键）的逆过程，即离散原子体系在激光作用下形成稳定化学键的过程。因此，光缔合在实现冷分子制备、相干控制化学成键、可控化学反应等方面有重要意义。

由于激光具有特定的偏振方向，因此，在其作用下，原本空间分布杂乱无章的分子，其某一特征矢量（如永久偶极矩）会指向空间特定方向，这就是分子定向。简单来说，分子定向会导致大量分子同时具有相同的空间指向性，直接影响分子在激光场中进一步的动力学行为（如电离、解离、辐射等），也会直接影响分子与其他原子分子或微纳结构的散射动力学（如产物分支比、产物角分布等）。因此，激光诱导分子定向在量子调控、强场物理、立体化学反应动力学等方面都有重要意义。

此外，原子分子的内能分布状态（振动、转动）会随体系温度发生明显变化，直接影响激光与原子分子相互作用过程。因此，研究热平均效应对激光与原子分子相互作用的影响是一个重要的课题。

本书是基于笔者攻读博士期间所获科研成果以及近期研究工作整理而成的。感谢国家自然科学基金、山西省高等学校科技创新计划项目（2023L419）对本书内容相关科研工作的资助。

限于笔者水平，书中不足之处在所难免，敬请读者批评指正。

山西工程科技职业大学

胡晋伟

目录

第 1 章

绪　论

在激光作用下，原子分子会发生多种重要的光物理化学现象，比如两个碰撞原子会结合成分子（光缔合），又如分子特征矢量会指向空间特定方向（分子定向）等。光缔合在制备冷分子、相干控制化学成键等方面有重要意义，分子定向在量子调控、强场物理等方面有重要意义[1,2]。下面将分别对这两种光物理化学现象展开介绍。

1.1 光缔合研究背景

常见的光缔合过程可以有两种方式，一种是通过永久偶极矩与激光场相互作用，从基电子态连续态到基电子态束缚态的跃迁，直接缔合成基态分子，如图 1.1(a) 所示；另一种是通过跃迁偶极矩与激光场相互作用，从基电子态连续态跃迁到激发态束缚态，缔合成激发态分子，如图 1.1(b) 所示。目前，已经从理论和实验两方面对双原子体系光缔合形成分子的过程进行了大量研究，其中包括同核双原子光缔合形成 He_2[3,4]、Na_2[5,6]、Ca_2[7]、Cs_2[8-10] 和 Rb_2[11] 等，也包括异核双原子光缔合形成 NaLi[12]、KRb[13]、NaCs[14]、YbRb[15] 和 RbCs[16] 等。

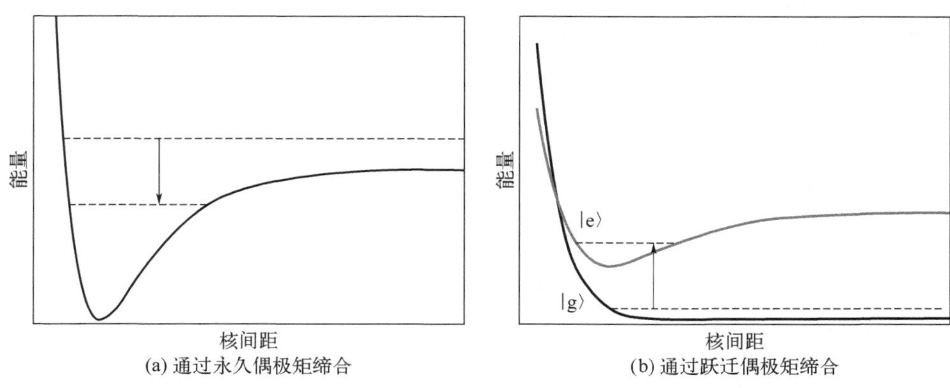

(a) 通过永久偶极矩缔合
(b) 通过跃迁偶极矩缔合

图 1.1　光缔合过程的两种方式

1966 年，持续时间较短的皮秒激光脉冲被科研人员制备出来。从那时开始，皮秒激光脉冲被广泛地应用于科学研究领域。几十年后，飞秒激光脉冲和更复杂的整形激光脉冲可以在各种光谱区制备出来，这些复杂的整形脉冲被应用于许多研究领域，例如相干控制、多维光谱、生物成像、压缩光脉冲和光通信等。优化的整形脉冲能够应用于系统含时演化，通过对物理过程的分析，就可以知道需要什么样的脉冲。近些年来，随着激光技术的不断发展，与光缔合过程相关的实验和理论研究也不断深入和扩大[17-22]，包括采用整形脉冲[23]、线性调频脉冲[24]、多光子相干[25] 和外电磁场[26] 等方法来控制光缔合过程。其中，如何提高光缔合概率成为很多实验和理论工作者关注和研究的一个重要问题[27-29]。

光缔合概率可以通过调节激光脉冲的相关参数来提高，包括载波频率、脉冲持续时间和峰值强度等。研究者发现也可以利用不同形式的外场，如静电场[30,31]、非共振光场[32] 和电磁场[33] 等，来辅助控制光缔合过程，进而提高光缔合概率。其主要机理为：静电场可以促使异核体系产生转动叠加态，导致体系散射时呈现各向异性，从而提升光缔合概率[31]；在光缔合激光开启之前，向体系中缓慢施加一个额外的非共振光场（$\sim 10^{10}\,W/cm^2$），可以绝热调控形貌共振和散射态的位置，从而提高光缔合概率[32]；利用磁场诱导 Feshbach 共振，可以对原子间相互作用强度进行调控，增加小核间距范围内碰撞原子的概率密度，从而增加光缔合概率[33,34]。除此之外，还可以利用比较特殊的激光脉冲，如使用啁啾（chirp）脉冲同样可以提高缔合概率[35]。另一种有效提高光缔合概率的方法是使用整形脉冲来实现[36-38]。最近，一种时间域中不对称的慢开快关激光脉冲被用来提高光缔合概率[39-42]。比如，可以利用慢开快关脉冲将铯原子从基电子态 $a^3\Sigma_u^+(6S_{1/2}+6S_{1/2})$ 激发到电子激发态 $0_g^-(6S_{1/2}+6P_{3/2})$ 来形成铯分子[24]。相比传统非整形的高斯脉冲，使用慢开快关整形脉冲，可以获得更高的光缔合概率[36]。此外，使用一系列链式脉冲也可以提高光缔合概率，而使用慢开快关激光脉冲链可以获得比高斯脉冲链还大的光缔合概率[28]。

按照光缔合发生时原子体系所处的温度可以将光缔合分为高温光缔合（$T>1K$）、低温光缔合（$1mK \leqslant T \leqslant 1K$）和超低温光缔合（$T<1mK$）。随着温度的升高，体系平动能逐渐变大，会有更多散射态穿过转动势垒，光缔合过程极可能发生在小核间距处，形成的分子键长会相对较短。Wang 等人理论研究了在毫开尔文温度下的光缔合动力学过程，考虑了转动势垒、形貌共振以及包含玻尔兹曼权重的振转量子态对光缔合过程的影响[43]，Rabitz

及其合作者研究了温度从几开尔文到几百开尔文时两个不同原子的光缔合过程[44]，Amaran 等人研究了 1000K 高温下镁原子体系的光缔合过程[45]。

一方面，光缔合技术作为由冷和超冷原子气体间接制备冷和超冷分子气体的一种有效手段倍受关注[46-48]。在超低温光缔合情况中，体系的散射能量很低，不足以穿过转动势垒，因此，以往理论处理中，一般只考虑 s 波散射（如图 1.2 所示，以镁分子基态势能曲线为例，s 波对应的是转动量子数 $j=0$ 的情况，即没有转动势垒）[49]。缔合形成的冷分子具有量子态纯度高和相干性好等优点，在量子调控和量子模拟等方面有重要的应用。对于同核冷原子，可以利用共振激光场将处于基电子态的冷原子缔合成处于激发态的冷分子，随后这些处于激发态的分子可以通过自发辐射或是受激辐射回到基电子态，进而形成稳定的冷分子气体。对于异核冷原子气体，由于体系存在永久偶极矩，也可以利用光缔合技术将处于基电子态的异核冷原子直接缔合成处于基电子态的冷分子[50]。

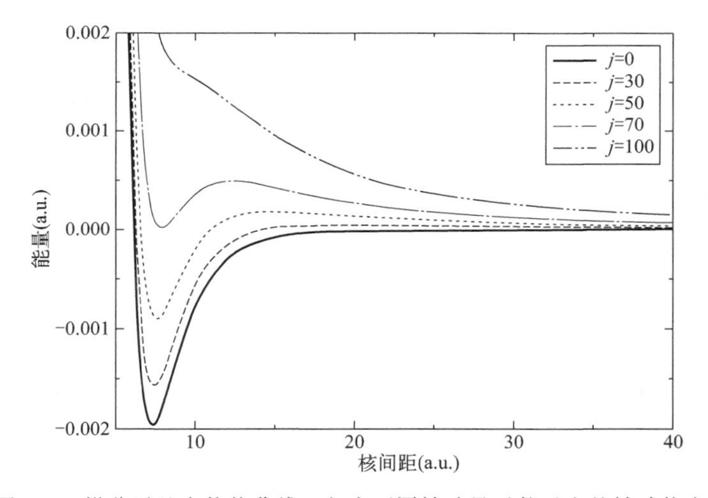

图 1.2　镁分子基态势能曲线（包含不同转动量子数对应的转动势垒）

另一方面，光缔合作为一种简单的利用外场促使化学键形成的技术，为可控化学反应和量子态相干控制提供了重要的技术支持。相干控制在 20 世纪 80 年代就被认为是控制化学反应动力学的一种手段[51,52]，它的基本思路是利用外场选择性地形成或断开化学键。类似光解离这种利用外场促使化学键断裂的相干控制过程，早已经在理论和实验两个层面得到了验证[53-59]，但是利用外场实现气相原子形成化学键的相干控制过程，直到近期才实现[60]。即使在更高温度（1000K）下，热平衡系统中的初始态是完全不相干的，光缔合过程中量子态的相干控制也实现了[61]。

形成和断开化学键的过程所涉及的初始态不同，断键过程的初始态是一个或几个束缚量子态，而形成化学键的过程初始态是一些不相干的散射连续态，并且随着温度升高，会涉及越来越多的散射态。因此，形成化学键比断开化学键要困难得多。如果实验在给定的温度下进行，则初始状态由该温度下的正则系综描述，在断开化学键的过程中（光解离），初始态是分子的一些束缚态，几开尔文的温度下，热平均效应涉及的初始态数量是非常少的。热分布初始态越少，初始系综的量子态纯度就越大。相反，对于形成化学键的过程（光缔合），初始系综由热平均效应下所有散射态构成，因此，初始状态的纯度要低得多。系综的量子态纯度与体系的熵直接相关，即低纯度对应高熵，而物质与电磁场的相互作用中熵是守恒的，如果系综初始状态是非相干的，那么作用完成后仍将倾向于保持非相干状态。由此可见，在较高温度下，利用相干电磁场或激光场与非相干原子体系作用，不仅要实现分子成键，而且要保证成键分子具有良好的相干性（即相干分子制备），是一项极具有挑战性的工作。

近些年来，相干控制方面的理论和实验研究逐渐由光解离等断键过程转向光缔合等成键过程。Marvet 等人应用紫外单光子跃迁实现了飞秒时间尺度的光缔合，获得了各向异性的转动分子[62]。随着飞秒激光和脉冲整形技术的发展，运用飞秒整形脉冲开展了大量光缔合研究[63-69]。在高温二元反应中，光缔合也成为可以实现量子态相干控制的手段，而具有较大光谱带宽的飞秒激光脉冲可以很好地用于控制高温下由很多非相干散射态参与的光缔合。2008 年，Koch 等人探索了在碱金属和碱土金属原子光缔合过程中实现相干控制的可行性[63]；2011 年，在飞秒激光脉冲作用下，Rybak 等人在高温（1000K）镁原子光缔合过程中，实现了分子振动态相干控制[70,71]；2013 年，Amaran 等人使用随机相位波包方法研究了镁原子光缔合的动力学过程[45]；2015 年，Levin 等人发现利用正啁啾脉冲可以增强镁原子光缔合概率，负啁啾脉冲则起抑制作用，镁原子二聚物的产量可以通过优化脉冲进一步提高[61]；同年，他们进一步探究了相位整形的啁啾脉冲对镁原子光缔合概率的影响，发现相比于非整形脉冲，在相位整形脉冲作用下，光缔合概率可以被提高一个数量级[37]。

基于上述研究，我们对以下两个光缔合相关的问题进行了研究：

① 如果考虑体系初始态热平均效应，即考虑体系初始温度所能涉及的全部量子态组成的系综，那么光缔合概率将低于只考虑单一初始态的计算值，这简称为热平均效应对光缔合的抑制作用。该抑制作用经常在高温（$T>1\text{K}$）和低温（$1\text{mK}\leqslant T\leqslant 1\text{K}$）光缔合中考察和探讨，但在超低温（$T<1\text{mK}$）冷原子光缔合中常被忽略。以往理论处理冷原子光缔合时经常认为，原子的散射能量很低，不足以穿过转动势垒，因此，可以忽略热平均效应，只考虑 s 波散射且只考虑单一碰撞能（比如对应该温度下的最概然速率）。由此，本书较为关心如何准确评估热平均效应对冷原子光缔合的影响，该效应是否依赖激光参数而改变，如果是，那么就可以通过改变激光参数来降低热平均效应对光缔合的影响，从而提高光缔合概率。

② 随着体系温度的升高，特别是高温光缔合时，会涉及大量的非相干散射态，为相关理论模拟提出了挑战。尽管 Amaran 等人曾使用随机相位波包方法对包含所有量子本征态的初始热系综做统计模拟，研究了镁原子高温光缔合[45]，但是他们使用的随机相位波包仅在振动自由度进行随机相位展开，其理论方法局限于讨论分子振动态相干控制，无法精确描述分子转动自由度对光缔合的影响，也无法讨论光缔合分子是否具有转动相干。因此，本书使用自主发展的一种全维随机相位波包方法，同时在振动和转动自由度做随机相位展开，对类似镁原子体系的高温光缔合过程开展包含振转耦合的全维量子动力学研究。

1.2 分子定向研究背景

分子在空间中定向和取向是激光场与物质相互作用的又一个重要研究内容[72,73]。以线偏振激光场与双原子分子作用为例，取向是指分子特征矢量（如偶极矩）平行或垂直于空间特定方向（一般选激光场偏振方向），定向是指分子特征矢量指向空间特定方向，如图 1.3 所示。值得指出，在特定激光场或其他类型外场作用结束后，分子会处于转动相干叠加态（转动波包），这将导致分子在无外场条件下，也会产生周期性的定向或取向现象，被称为场后定向或取向。

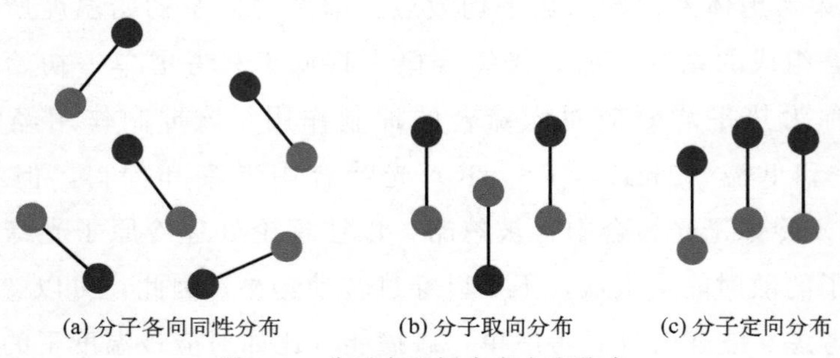

图 1.3　分子在空间中定向和取向

在探索更复杂的物理化学过程之前，分子定向和取向被视为激光场控制分子动力学的先决条件之一。显著的分子定向或取向，在化学反应动力学[74-76]、纳米尺度设计[77]、量子计算[78]、高次谐波[79-81]和阿托秒电子动力学[82]等多个研究领域都有重要应用。为了提高化学反应产率，经常需要预先控制分子空间分布方向。分子的定向和取向会导致转动波包在特定角度区域有较大的峰值分布，这通常被用作进一步激光与分子相互作用或分子反应过程的准备步骤，比如，可以用来辅助探测分子团簇的结构和动力学[83]。分子定向和取向的决定性作用已经在越来越多的应用中表现出来，例如分子轨道成像、分子筛选、分子散射控制和电离等。此外，也可以利用分子定向和取向来探测碰撞弛豫和增强分子与表面相互作用等。实验表明，在分子气体中，场后分子定向和取向可以用来跟踪碰撞弛豫过程[84,85]；定向和取向是一种通过调节有效分子极化来调整分子偶极力的方法[86]；分子轨道全息成像可以从定向或取向分子发射的高次谐波得到，其原因之一就是分子向外电离的光电子产率和角分布，以及电子与母离子散射动力学都强烈地依赖于分子的空间指向[87]。Petretti 等人研究了线性分子的定向和取向对电离过程的影响[88]，Pavicic 等人进行了相关实验测量[89,90]。分子的定向和取向也可以帮助理解分子阿托秒跃迁吸收光谱的复杂结构[91]。一些研究表明了分子的定向和取向对分子散射的关键作用[92-95]，定向和取向的程度改变了分子所感受到的偶极力，从而可以控制分子在外场中的散射。此外，基于分子取向会影响系统电导率这一现象，Reuter 等人提出了由分子定向和取向来驱动纳米级分子开关的方案[96]。

目前已经有很多工作者从实验和理论方面对分子取向开展了大量研究[97]，分子特定方向的选择性控制已经在二维和三维空间中实现[98-101]。与实现分子取向相比，实现分子定向的难度更大，因为后者对激光与分子相互作用的矢量相关性要求更加严格。尽管太赫兹脉冲[102,103] 和双色激光场[104] 的使用促进了分子定向相关实验的进步，但是分子定向相关研究尚存很大空间。在绝热状态下，基于包括分子极化和超极化性质在内的光与物质相互作用机制，利用双色飞秒激光脉冲可以实现分子定向。该方案由 Vrakking 和 Stolte 在 1997 年提出[105]，Tehini 和 Sugny 在 2008 年进行了理论推广[106]，Kraus 等人进行了实验论证[107]。Spanner 等人对该机制和基于电离耗散的双色激光诱导定向进行了比较，在第二个过程中，脉冲可以根据分子的定向角选择性地电离分子[108]。Znakovskaya 等人对这两种机制进行了实验探测[109]。

大量理论研究对实现定向所需的条件进行了探讨。研究表明，在回复或半回复时刻，使用第二个同相或反相双色激光脉冲，可以增强场后定向[110]。Qin 等人研究了双色脉冲激发过程中分子定向的相位依赖性[111]。激发态的宇称是提高分子定向的一个关键参数[112]。通过控制单色和双色激光脉冲之间的延迟时间，使分子预先获得取向，可以增强分子的定向效果[113,114]，Ren 等人通过实验观察到了这一点[115]。使用基频波及其高倍频波叠加的多色激光场[116]，以及两种不同波长的圆偏振脉冲也可以实现分子定向[117]。Zhdanov 和 Zadkov 证明，即使在室温下，三色激光场也可以产生分子定向[118]。

近些年来，借助太赫兹波段电磁场产生分子定向也受到了研究者的广泛关注。理论研究的目的之一是确定控制过程的可行性和效率。典型的太赫兹脉冲持续时间与分子转动周期的量级相同，且脉冲中心频率与转动能级间的跃迁频率相近，这就导致了不同转动态之间可以发生直接的单光子跃迁。而时间域中具有高度不对称包络形状的太赫兹脉冲（如半周期或少周期脉冲），可以通过永久偶极矩对分子产生一个突然的动量推动力，从而实现分子定向。理论上报道了 kick 机制的效率及其对温度效应的鲁棒性[119-126]，而且有报道称可以使用少周期脉冲链产生高度分子定向[127,128]。此外，太赫兹与共振激光场结合也可以实现较好的分子定向[129-134]。实验上已经在线性[135]、对称陀螺[102]和不对称陀螺分子[136]等体系的定向方面取得较好结果。理论上同样探讨了一些更复杂的控制方案，如同时使用双色激光场和太赫兹脉冲[137]，或使用具有特定相位的太赫兹脉冲[138,139]，Fleischer 等人从理论和实验方面证明，体系中的转动相干可以通过两个适当延迟的太赫兹脉冲来操纵[140]。

我们注意到，分子定向和取向与光缔合存在一定联系，Wang 等人曾在 Na_2 和 NaH 等体系光缔合的理论计算中报道过光缔合形成的激发态分子会处于转动叠加态，导致激发态分子产生场后取向；利用该性质，可以通过优化激光脉冲延迟时间的方式提高光缔合概率[141]。基于以上对分子定向和取向工作的报道，结合热平均效应对光缔合影响方面的讨论，本书对分子定向中类似的问题同样进行了研究。显然，分子定向的本质就是产生有效的转动相干叠加态。而体系初始温度的上升，必然导致分子转动态甚至振动态呈现较显著的热分布，这会降低体系的转动相干性，也必然会抑制分子定向。尽管以往研究中报道过温度热平均效应对分子定向的影响，但是，大多数研究都止于 100K 量级。本书主要探讨的问题是能否在更高温度条件下，比如 1000K 量级，观测到分子定向。另外，如果可以将全维随机相位波包方法也应用于研究温度对分子定向的影响，那么可以期望用该方法处理更多其他类型的激光与原子分子相互作用的问题，如光解离、光电离等。

1.3 随机相位波包方法简介

随着温度的升高，会有更多的初始态参与到光缔合和分子定向过程中，初始态的热平均效应对光缔合和分子定向都有抑制作用[142,143]。以往的研究中，主要通过两种方式考虑温度效应，一种是以每个量子本征态作为初始态，计算相关力学量期望值，然后对期望值按照量子本征态的玻尔兹曼权重加权平均；另一种是对包含所有量子本征态的初始热系综做统计模拟。

在一个热平衡系综中，体系的初始态可以用具有玻尔兹曼权重量级，但是随机选择的量子相位波包表示，即随机相位波包。为体系涵盖的所有初始态指定一组随机相位，就可以构成一个随机相位波包（一个采样点）。随着随机相位组数（采样点）的增加，相应的相干性会被采样点的统计属性所干扰而最终消失，于是得到了初始热系综正确的“非相干”表示。随机相位波包方法的应用，极大简化了包含大量初始非相干态的量子动力学计算，该方法已被成功应用于计算自由电子的线性响应函数[144]，模拟耗散现象[145]，分析有限温度下非弹性碰撞原子表面散射[146]。此外，随机相位波包方法还被用于多组态含时 Hartree-Fock 模拟[147]，研究镁原子体系光缔合过程[45]，以及模拟非对称陀螺分子的定向动力学过程[143]。随机相位波包方法的具体理论基础将在 2.5 节中进行详细描述。

尽管随机相位波包方法已经在光缔合和分子定向中有初步应用。但该方法在描述光缔合过程时，随机相位仅与振动自由度有关，分子波函数的转动部分未做精确处理[45]；而该方法在应用于分子定向研究时，仅在转动自由度做随机相位展开，忽略分子振动，将分子做刚性转子模型处理[143]。考虑到高温条件下，光缔合和分子定向过程经常涉及振转耦合和不同电子态之间的振转激发，以上理论方法无法描述包含振转耦合的物理问题，而本书中介绍的一种包含振转耦合的全维随机相位波包方法，为深入理解热平均效应下的光缔合、分子定向等激光与物质相互作用的物理化学现象奠定了一定的理论基础。

1.4 本书主要内容

由于相干控制成键主要由振动自由度决定，目前采用随机相位波包方法研究光缔合只局限于一维振动自由度[45]，而随机相位波包用于研究分子定向也局限于刚性转子近似处理[143]。为进一步研究热平均效应下能量本征态对光缔合和分子定向的影响，本书中将自主发展的全维随机相位波包方法与含时量子波包理论相结合，以若干双原子体系为对象，围绕几个问题展开研究与讨论。本书内容简述如下。

第 2 章简述相关的理论基础。包括双原子体系的定态薛定谔方程和动力学方程，以及随机相位波包方法的基本理论。

第 3 章介绍超冷温度下（～54μK），能量本征态的热平均效应对铯原子光缔合概率的影响。讨论了不同波形激光脉冲作用下，热平均效应对光缔合的抑制作用是否存在差异。

第 4 章介绍了使用全维随机相位波包方法研究镁原子光缔合。在不同温度（1K、10K、100K、1000K）下，与精确的量子动力学理论计算结果对比，证明了自主发展的全维随机相位波包方法的可靠性和高效性。

第 5 章是在第 4 章的基础上，介绍了 1000K 高温下，飞秒激光脉冲诱导镁原子光缔合过程中，多种跃迁路径对布居转移动力学的影响。

第 6 章使用全维随机相位波包方法研究了不同初始温度（$T=0$K、100K、200K、300K、500K、1000K）对单周期太赫兹脉冲实现 NaI 分子定向的影响。讨论了 1000K 高温下是否可以获得一定的分子定向，以及分子定向与激光参数的依赖关系是否会随温度发生变化等问题。

第2章

双原子体系光缔合及分子定向理论

双原子体系光缔合及定向是激光场与原子分子相互作用的结果，处理该问题时，主要采用含时量子波包理论求解双原子分子体系的含时薛定谔方程。在玻恩-奥本海默近似（Born-Oppenheimer approximation）条件下，分子体系中的电子和核运动得以分开处理，求解体系波函数简化为求解电子和原子核波函数两个过程。当体系的薛定谔方程确定后，数值求解含时薛定谔方程的一种有效方法是在离散格点表象中展开波函数和哈密顿算符。确定了系统不含外场条件下的初始波函数，就可以通过含时演化的方法求得体系在任意时刻的波函数，进而得到体系在任意电子态上的布居、量子态分布、空间角分布等。原子光缔合过程中，初始波函数常选择高斯波包或者基电子态上的连续态波函数[148,149]，分子定向动力学中，初始波函数则常选择电子态上的束缚态波函数[150,151]。本章将介绍涉及的主要理论基础，具体的理论和计算细节参见后续章节的描述，或者详见参考文献［152-157］及相应的引用文献，在没有特殊说明时，全书默认都使用原子单位。

2.1 双原子体系的定态薛定谔方程

不包含外场作用的双原子分子体系哈密顿量表示为

$$\hat{H}=\hat{H}_N(R)+\hat{H}_e(\boldsymbol{r})+\hat{V}_{eN}(\boldsymbol{r},R) \tag{2.1}$$

式中，$\hat{H}_N(R)$ 表示核的哈密顿算符；$\hat{H}_e(\boldsymbol{r})$ 表示电子哈密顿算符；$\hat{V}_{eN}(\boldsymbol{r},R)$ 表示电子与原子核之间的库仑相互作用势。

$$\begin{aligned}\hat{H}_N(R)&=\hat{T}_N+\hat{V}_{NN}(R)\\&=-\frac{1}{2\mu}\nabla^2+\frac{Z_1Z_2}{|\boldsymbol{R}_2-\boldsymbol{R}_1|}\end{aligned} \tag{2.2}$$

$$\begin{aligned}\hat{H}_e(\boldsymbol{r})&=\hat{T}_e+\hat{V}_{ee}(\boldsymbol{r})\\&=-\sum_i^n\frac{1}{2m_e}\nabla_i^2+\frac{1}{2}\sum_{i\neq j}^n\frac{1}{r_{ij}}\end{aligned} \tag{2.3}$$

$$\hat{V}_{eN}(\boldsymbol{r},R)=-\sum_i^n\frac{Z_1}{|\boldsymbol{R}_1-\boldsymbol{r}_i|}-\sum_i^n\frac{Z_2}{|\boldsymbol{R}_2-\boldsymbol{r}_i|} \tag{2.4}$$

式中，$\hat{T}_N$ 为两个原子核的相对动能算符；$\hat{T}_e$ 是电子的动能算符；

$\hat{V}_{NN}(R)$ 和 $\hat{V}_{ee}(\boldsymbol{r})$ 分别是原子核与原子核和电子与电子之间的库仑相互作用势；$\boldsymbol{r}$ 表示电子坐标矢量；$R=|\boldsymbol{R}_2-\boldsymbol{R}_1|$ 是原子核间距；$\mu=\dfrac{M_1M_2}{M_1+M_2}$ 为分子的折合质量；M 和 Z 分别表示原子核的质量和电荷数；m_e 表示电子的质量；r_{ij} 表示第 i 个电子和第 j 个电子的相对距离；∇为哈密顿算子。

由于电子运动速度 v_e 远大于核的运动速度 v_N（$v_e/v_N\approx10^4\sim10^5$），所以在讨论电子运动时，可以近似地把核看做是静止的。对于给定的核间距 R，电子运动满足如下薛定谔方程

$$[\hat{H}_e(\boldsymbol{r})+\hat{V}_{eN}(\boldsymbol{r},R)+\hat{V}_{NN}(R)]\phi_n(\boldsymbol{r},R)=\epsilon_n(R)\phi_n(\boldsymbol{r},R) \tag{2.5}$$

式中，$\phi_n(\boldsymbol{r},R)$ 和$\epsilon_n(R)$ 分别表示电子哈密顿算符的绝热本征函数和本征值。$\epsilon_n(R)$ 被称为绝热势能曲线，往往也用 $V_n(R)$ 来表示。在绝热表象中，绝热本征函数作为正交完备基矢，分子的波函数表示为

$$\Psi(\boldsymbol{r},R)=\sum_n \chi_n(R)\phi_n(\boldsymbol{r},R) \tag{2.6}$$

式中，$\chi_n(R)$ 表示原子核的空间运动波函数。系统的定态薛定谔方程即可写成

$$[\hat{H}_N(R)+\hat{H}_e(\boldsymbol{r})+\hat{V}_{eN}(\boldsymbol{r},R)]\sum_n \chi_n(R)\phi_n(\boldsymbol{r},R)=E\sum_n \chi_n(R)\phi_n(\boldsymbol{r},R) \tag{2.7}$$

式中，E 表示分子能量。考虑各个算符对波函数的作用，左乘 ϕ_m^* 并对电子坐标积分后，整理得到

$$[\hat{T}_N+V_m(R)]\chi_m(R)+\sum_n D_{mn}(R)\chi_n(R)=E\chi_m(R) \tag{2.8}$$

式中，$D_{mn}(R)$ 为非绝热耦合矩阵中的矩阵元。

$$D_{mn}(R)=\int \phi_m^*\hat{T}_N\phi_n\mathrm{d}\boldsymbol{r} \tag{2.9}$$

式(2.9) 的具体形式参见文献 [158]。

绝热表象中数值计算非绝热耦合 $D_{mn}(R)$ 往往是比较困难的，在实际的计算中，常对式(2.8) 做绝热近似处理，即忽略非绝热耦合矩阵中的非对角项 [$D_{mn}(R)(m\neq n)$]。玻恩-奥本海默近似下，进一步忽略了非绝热耦合矩阵中的对角项，得到了双原子分子体系关于核运动的薛定谔方程

$$[\hat{T}_N+V_m(R)]\chi_m(R)=E\chi_m(R) \tag{2.10}$$

以上理论建立在不考虑电子自旋和非相对论框架下，其中使用两种近似处理的合理性在于：当分子的核动能远小于绝热电子态之间的能量差时，核动能算符对电子波函数作用产生的非绝热耦合 $D_{mn}(R)$ 一般较小，可以忽略不计。这意味着核的运动可以看成是对电子运动的微扰，而且该微扰不足以引起电子在不同势能面之间的非绝热跃迁。

2.2 双原子体系与激光场相互作用的动力学方程

玻恩-奥本海默近似下，双原子体系包含外场作用的含时薛定谔方程为：

$$\mathrm{i}\frac{\partial}{\partial t}\chi_m(R,t)=[\hat{T}_N+V_m(R)]\chi_m(R,t)+\sum_n W_{mn}(t)\chi_n(R,t) \tag{2.11}$$

其中，双原子体系与激光场的相互作用

$$W_{mn}(t)=-\boldsymbol{d}_{mn}(R)\cdot\boldsymbol{E}(\boldsymbol{r},t) \tag{2.12}$$

式中，$\boldsymbol{d}_{mn}(R)$ 表示电偶极矩，对角项（$m=n$）表示分子的永久偶极矩，通过永久偶极矩与激光场相互作用可以实现单电子态上的光缔合和分子定向取向等动力学过程。非对角项（$m\neq n$）表示不同电子态之间的跃迁偶极矩。$\boldsymbol{E}(\boldsymbol{r},t)$ 表示外加激光场

$$\boldsymbol{E}(\boldsymbol{r},t)=\frac{1}{2}E_0f(t)\left[\mathrm{e}^{\mathrm{i}(\omega t-\boldsymbol{k}\cdot\boldsymbol{r}+\phi)}+\mathrm{e}^{-\mathrm{i}(\omega t-\boldsymbol{k}\cdot\boldsymbol{r}+\phi)}\right] \tag{2.13}$$

式中，E_0 为激光场振幅；$f(t)$ 为时间包络函数，其波形可以是高斯形状、正弦平方形状等包络形式；ω 为中心频率；$\boldsymbol{k}$ 为沿激光场传播方向的矢量；ϕ 是载波包络相位；$\boldsymbol{r}$ 表示空间坐标系中任意空间位置对应的位移矢量。由于激光场波长通常远超出分子尺度，一般可以忽略外场随空间 $\boldsymbol{r}$ 的变化，只需考虑其时间特性

$$E(t)=E_0f(t)\cos(\omega t+\phi) \tag{2.14}$$

利用含时量子波包方法求解式(2.11)，首先要确定无外场时系统的初始波函数 $\chi(R,0)$。目前，求解分子能级及相应波函数的方法主要有傅里叶网格哈密顿方法[159] 和映射傅里叶网格方法[160,161]。有了系统的初始波函数 $\chi(R,0)$，就可以通过演化的方法得到系统任意时刻的波函数，即

$$\chi(R,t)=\hat{U}(t)\chi(R,0)=\hat{T}\exp\left[-\mathrm{i}\int_0^t \hat{H}(R,t')\mathrm{d}t'\right]\chi(R,0) \tag{2.15}$$

式中，$\hat{U}(t)$ 为时间演化算符；$\hat{T}$ 为“时序”算符[162]。含时演化的数值计算方法主要有分裂算符方法[163,164]、差分法[165] 和切比雪夫多项式方法[166] 等。

以激光场只对两个选定的势能面产生共振耦合为例，将这两个势能面标记为 $V_1(R)$ 和 $V_2(R)$，分别对应基电子态和激发态。势能面通常强烈地依赖于核间距 R，所以激光场使两个势能面共振，至少要在一定的 R 范围内接近共振。当两个电子态之间不存在非绝热耦合时，可以采用旋转波近似[34]，忽略激光场与分子相互作用的快速振荡项。因为通常情况下，该项的平均效果为零，对实际的相互作用过程没有太大贡献。分子与激光场的相互作用可以写为

$$\begin{aligned}-\boldsymbol{d}_{12}(R)\cdot\boldsymbol{E}(t)&\sim-\frac{1}{2}\boldsymbol{d}_{12}(R)E_0f(t)\exp\{-\mathrm{i}[V_2(R)-V_1(R)-\omega]t\}\\&=-\frac{1}{2}\boldsymbol{d}_{12}(R)E_0f(t)\exp[-\mathrm{i}\Delta(R)t]\end{aligned} \tag{2.16}$$

式中，$\Delta(R)$ 表示失谐。在能量尺度上，可以看作 2 电子态势能面被向下移动了一个光子能量 ω，因此，激光诱导的共振表现为势能面之间的交叉。由于能量的零点可以自由选择，以上物理图像也可以理解为将能量较低的 1 势能面向上移动，而不是将 2 势能面向下移动。

2.2.1 傅里叶网格哈密顿方法

建立在格点表象[167-174] 中的傅里叶网格哈密顿方法是求解分子振动能级及相应波函数的一种非常有效的数值方法，该方法要求对连续坐标空间 R 进行等间距离散。这种等间距离散化的格点表示方法，比较适于描述光解离、光电离、定向和取向，以及较高温度下的光缔合等发生在小核间距的光物理化学过程。以一维无外场时双原子分子振动波函数求解为例，系统相应的哈密顿算符为

$$\hat{H}=\hat{T}_N+\hat{V}(R) \tag{2.17}$$

其中，$\hat{T}_N=\dfrac{\hat{P}^2}{2\mu}$为动能算符；$\hat{P}$ 为动量算符；$\hat{V}(R)$ 为势能算符。在坐标表象中有

$$\hat{R}|R\rangle=R|R\rangle \tag{2.18}$$

在动量表象中

$$\hat{P}|k\rangle=k|k\rangle \tag{2.19}$$

两个表象中的本征函数满足正交完备性关系，即

$$\langle R|R'\rangle=\delta(R-R')$$
$$\hat{I}_R=\int_{-\infty}^{\infty}|R\rangle\langle R|\,\mathrm{d}R \tag{2.20}$$

$$\langle k|k'\rangle=\delta(k-k')$$
$$\hat{I}_k=\int_{-\infty}^{\infty}|k\rangle\langle k|\,\mathrm{d}k \tag{2.21}$$

两个表象之间的变换关系为

$$\langle k|R\rangle=\frac{1}{\sqrt{2\pi}}\mathrm{e}^{-\mathrm{i}kR} \tag{2.22}$$

在坐标表象中哈密顿算符的具体形式为

$$\begin{aligned}\langle R|\hat{H}|R'\rangle&=\langle R|\hat{T}_N|R'\rangle+\langle R|\hat{V}(R)|R'\rangle\\&=\langle R|\hat{T}_N\int_{-\infty}^{\infty}|k\rangle\langle k|R'\rangle\mathrm{d}k+V(R)\delta(R-R')\\&=\int_{-\infty}^{\infty}\langle R|k\rangle\hat{T}_N\langle k|R'\rangle\mathrm{d}k+V(R)\delta(R-R')\\&=\frac{1}{2\pi}\int_{-\infty}^{\infty}\mathrm{e}^{\mathrm{i}k(R-R')}\frac{k^2}{2\mu}\mathrm{d}k+V(R)\delta(R-R')\end{aligned} \tag{2.23}$$

将连续坐标空间 R 等间距离散化，即

$$R_i=i\Delta R,i=1,2,\cdots \tag{2.24}$$

其中，ΔR 为格点间距。动量空间的格点间距由坐标空间范围决定，即

$$\Delta k=\frac{2\pi}{\lambda_{\max}}=\frac{2\pi}{N\Delta R} \tag{2.25}$$

其中，N 为格点数。动量空间离散化后为

$$k=l\Delta k \tag{2.26}$$

离散后的坐标格点表象中有如下关系

$$\hat{R}|R_i\rangle = R_i|R_i\rangle \tag{2.27}$$

正交完备性关系为

$$\begin{gathered}\langle R_i|R_j\rangle \Delta R = \delta_{ij} \\ \hat{I}_R = \sum_{i=1}^{N} |R_i\rangle \Delta R \langle R_i|\end{gathered} \tag{2.28}$$

因此，在坐标格点表象中哈密顿算符的具体形式可以表示为

$$\begin{aligned}\hat{H}_{ij} &= \langle R_i|\hat{H}|R_j\rangle \\ &= \frac{1}{2\pi}\sum_{l=-n}^{n} \mathrm{e}^{\mathrm{i}l\Delta k(R_i-R_j)} \frac{(l\Delta k)^2}{2\mu}\Delta k + V(R_i)\frac{\delta_{ij}}{\Delta R} \\ &= \frac{1}{N\Delta R}\sum_{l=-n}^{n} \mathrm{e}^{\mathrm{i}l\frac{2\pi}{N\Delta R}(i-j)\Delta R} T_l + V(R_i)\frac{\delta_{ij}}{\Delta R} \\ &= \frac{1}{\Delta R}\left[\sum_{l=-n}^{n}\frac{1}{N}\mathrm{e}^{\mathrm{i}l2\pi(i-j)/N} T_l + V(R_i)\delta_{ij}\right] \\ &= \frac{1}{\Delta R}\left\{\sum_{l=1}^{n}\frac{2}{N}\cos[l2\pi(i-j)/N]T_l + V(R_i)\delta_{ij}\right\}\end{aligned} \tag{2.29}$$

其中

$$T_l = \frac{k^2}{2\mu} = \frac{1}{2\mu}(l\Delta k)^2 \tag{2.30}$$

最后通过求解久期方程

$$\sum_i (\hat{H}_{ij} - E\delta_{ij})\Phi_i = 0 \tag{2.31}$$

可以数值计算得到分子体系势能为 $V(R)$ 的能量本征值 E 和本征函数 Φ。由于动能算符在动量表象中是对角化的，势能在坐标表象中是对角化的，表示为

$$\langle R'|\hat{V}(R)|R\rangle = V(R)\delta(R-R') \tag{2.32}$$

$$\langle k'|\hat{T}_N|k\rangle = \frac{k^2}{2\mu}\delta(k-k') \tag{2.33}$$

两种表象之间的变换可以通过快速傅里叶变换（fast Fourier transform，FFT）获得[175]，极大简化了哈密顿算符在坐标空间中的动能部分作用于波函数的计算。

2.2.2 映射傅里叶网格方法

前面介绍的傅里叶网格哈密顿方法使用 N 个等间距的离散化格点 R_i 表示核间距，然后对角化 $N\times N$ 的哈密顿算符 $\hat{H}$，即可求得能量小于 E_{max} 的本征值以及对应的本征函数[176,177]。此时体系最大的动量为

$$P_{max}=\sqrt{2\mu(E_{max}-V_{min})} \tag{2.34}$$

其中，V_{min} 为势能最小值。动量空间的范围 $[-P,P]$ 必须满足 $P\geqslant P_{max}$，ΔR 的取值则需满足条件

$$\Delta R=\frac{\pi}{P}\leqslant\frac{\pi}{P_{max}} \tag{2.35}$$

由于式(2.35) 对 ΔR 的限制，考虑的核间距范围 $L=N\Delta R$ 越大，所需格点数目 N 就越大，求解本征值和本征函数需要对角化一个很大的 $N\times N$ 矩阵。因此，以上傅里叶网格哈密顿方法常用于解决小核间距范围内发生的物理化学过程。

对于处理较大核间距的问题，如超低温下的光缔合过程，以上等间距划分坐标空间的方法会使计算量增加，这时需要采用映射傅里叶网格方法来处理问题。考虑到双原子分子势能曲线在核间距较大区域变化很慢，在该区域的格点间距不需要太密，即

$$\Delta R=\frac{\pi}{P_R}\leqslant\frac{\pi}{\sqrt{2\mu[E_{max}-V(R)]}} \tag{2.36}$$

在小核间距处，格点数目要足够密，以便反映势阱的变化。利用局域德布罗意波长 $\lambda(E,R)=2\pi/P_R$ 随 R 变化的特性，将核间距 R 映射为自适应坐标 x，以优化格点表象的相空间形状，从而减少格点数目[178]。

$$J(x)=\frac{\mathrm{d}R}{\mathrm{d}x} \tag{2.37}$$

表示将 $\mathrm{d}R$ 变换为 $\mathrm{d}x$ 的雅可比行列式。(R,P_R) 所描述的相空间面积为

$$P_R\Delta R=\pi \tag{2.38}$$

其中，P_R 为 R 处的动量，$(R,P_R)\rightarrow(x,P_x)$ 的变化保持相空间面积不变，即

$$P_R\mathrm{d}R=\pi=P_x\mathrm{d}x \tag{2.39}$$

所以 x 格点取值需满足条件

$$P_x\Delta x=\pi \tag{2.40}$$

即

$$\Delta x=\frac{\pi}{P_x} \tag{2.41}$$

式中

$$P_x=P_R\frac{\mathrm{d}R}{\mathrm{d}x}=P_RJ(x) \tag{2.42}$$

对于给定的最大能量 $E_{\max}$，哈密顿量需满足条件

$$\langle\hat{H}(x,P_x)\rangle\leqslant E_{\max} \tag{2.43}$$

在任意 x 处如果允许的最大动量值相同，且

$$\langle\hat{H}(x,P_{\max})\rangle=\frac{P_{\max}^2}{2\mu J^2(x)}+V(x)=E_{\max} \tag{2.44}$$

由此得到 $J(x)$ 与德布罗意波长 $\lambda(E_{\max},R)$ 的关系

$$J(x)=\frac{P_{\max}}{\sqrt{2\mu[E_{\max}-V(R)]}}=P_{\max}\frac{\lambda(E_{\max},R)}{2\pi} \tag{2.45}$$

自适应坐标的积分式为

$$x(R)=\int_{R_{in}}^{R}\frac{\mathrm{d}R'}{J(R')}=\frac{\sqrt{2\mu}}{P_{\max}}\int_{R_{in}}^{R}\sqrt{E_{\max}-V(R')}\,\mathrm{d}R' \tag{2.46}$$

其中，R_{in} 是能量为 $E_{\max}$ 时的内转折点。$x(R)$ 表示原来 R 空间的值经过映射变换后在 x 空间的坐标取值。在自适应坐标 x 空间中，为了从两个波函数 $\phi(R)$ 和 $\psi(R)$ 的标积中消去 $J(x)$，引入波函数 $\tilde{\phi}(x)=\sqrt{J(x)}\phi(R)$和 $\tilde{\psi}(x)=\sqrt{J(x)}\psi(R)$。则波函数的标积为

$$\begin{aligned}\int_0^{\infty}\phi^*(R)\psi(R)\mathrm{d}R&=\int_0^{L_x}\phi^*(R)\psi(R)J(x)\mathrm{d}x\\&=\int_0^{L_x}\sqrt{J(x)}\phi^*(R)\sqrt{J(x)}\psi(R)\mathrm{d}x\\&=\int_0^{\infty}\tilde{\phi}^*(x)\tilde{\psi}(x)\mathrm{d}x\end{aligned} \tag{2.47}$$

x 空间的算符为

$$\hat{A}_x = \sqrt{J(x)}\hat{A}_R \frac{1}{\sqrt{J(x)}} \tag{2.48}$$

式(2.48）的物理意义为：对于 x 坐标的波函数 $\tilde{\phi}(x)$，若将已知的算符 $\hat{A}_R$ 作用于它，首先要将 $\tilde{\phi}(x)$ 变换到 R 坐标下，$\hat{A}_R$ 作用完后再映射到 x 坐标。动量算符因此可写为

$$\begin{aligned}\hat{P}_x &= \sqrt{J(x)}\left(-\mathrm{i}\frac{\mathrm{d}}{\mathrm{d}R}\right)\frac{1}{\sqrt{J(x)}} = -\mathrm{i}\sqrt{J(x)}\frac{\mathrm{d}}{J(x)\mathrm{d}x}\frac{1}{\sqrt{J(x)}} \\ &= -\mathrm{i}\frac{1}{\sqrt{J(x)}}\frac{\mathrm{d}}{\mathrm{d}x}\frac{1}{\sqrt{J(x)}}\end{aligned} \tag{2.49}$$

动能算符为

$$\hat{T}_x = -\frac{1}{2\mu}\frac{1}{\sqrt{J(x)}}\frac{\mathrm{d}}{\mathrm{d}x}\frac{1}{J(x)}\frac{\mathrm{d}}{\mathrm{d}x}\frac{1}{\sqrt{J(x)}} \tag{2.50}$$

定义一组基函数：

$$s_i(x) = \sum_{k=1}^{N-1} s_k(x) S_{ki}^* \tag{2.51}$$

$$c_i(x) = \sum_{k=0}^{N-1} c_k(x)\alpha_k C_{ki}^* \alpha_i \tag{2.52}$$

当 $k=0$，N 时，$\alpha_k = 1/\sqrt{2}$；k 取其他值时，$\alpha_k = 1$。$s_k(x)$ 和 $c_k(x)$ 分别为正弦函数和余弦函数基集[161]。

$$s_k(x) = \sqrt{\frac{2}{N}}\sin\left(k\frac{\pi}{L_x}x\right),\quad k=1,\cdots,N-1 \tag{2.53}$$

$$c_k(x) = \sqrt{\frac{2}{N}}\cos\left(k\frac{\pi}{L_x}x\right),\quad k=0,\cdots,N \tag{2.54}$$

$s_k(x)$ 离散化后的矩阵 $\boldsymbol{S}$ 和 $c_k(x)$ 离散化后的 $\boldsymbol{C}$ 为：

$$S_{ik} = s_k(x_i) = \sqrt{\frac{2}{N}}\sin\left(k\frac{\pi}{L_x}i\right),\quad i,k=1,\cdots,N-1 \tag{2.55}$$

$$C_{ik} = \alpha_k c_k(x_i)\alpha_i = \sqrt{\frac{2}{N}}\alpha_k\cos\left(k\frac{\pi}{L_x}i\right)\alpha_i,\quad i,k=0,\cdots,N \tag{2.56}$$

基函数导数为

$$\frac{\mathrm{d}}{\mathrm{d}x}s_j(x_i) = \frac{1}{\alpha_i}\frac{\pi}{L_x}D_{ij} \tag{2.57}$$

$$\frac{\mathrm{d}}{\mathrm{d}x}c_j(x_i)=-\alpha_j\frac{\pi}{L_x}D_{ij}^{\dagger} \tag{2.58}$$

当 $i\neq j$ 时，矩阵元 D_{ij} 为

$$D_{ij}=-\frac{1}{2}\alpha_i(-1)^{i+j}\left[\cot\left(\pi\frac{i+j}{2N}\right)-\cot\left(\pi\frac{i-j}{2N}\right)\right] \tag{2.59}$$

当 $i=j$ 时，矩阵元 D_{ij} 为

$$D_{ij}=-\frac{1}{2}\alpha_i\cot\left(\pi\frac{i}{N}\right) \tag{2.60}$$

自适应坐标下动能算符矩阵元为

$$T_{ij}=\frac{1}{2\mu}\frac{\pi^2}{L_x^2}\sum_{k=0}^{N}J(x_i)^{-\frac{1}{2}}D_{ij}^{\dagger}J(x_k)^{-1}D_{kj}J(x_j)^{-\frac{1}{2}} \tag{2.61}$$

因此，体系的哈密顿量矩阵元为

$$H_{ij}=T_{ij}+V(x_i)\delta_{ij} \tag{2.62}$$

对角化上式就可以求得 x 坐标下的本征值和本征函数。

2.2.3 分裂算符法

分裂算符法最初由 Feit 与 Fleck 提出，该方法是把时间分成若干个小的时间段，在每个小的时间间隔内，体系的哈密顿量几乎不发生变化，将由动能与势能构成的演化算符分开处理[157,163,164]。

$$\exp(-\mathrm{i}\Delta t\hat{H})\approx\exp(-\mathrm{i}\Delta t\hat{T}/2)\exp(-\mathrm{i}\Delta t\hat{V})\exp(-\mathrm{i}\Delta t\hat{T}/2)+O(\Delta t^3) \tag{2.63}$$

式中，误差项 $O(\Delta t^3)$ 来源于动能算符和势能算符的非对易性。从理论上讲，只要时间间隔 Δt 足够小，分裂算符法就可以得到足够精确的结果，但是 Δt 取得过小会导致计算量过大，一般来说时间间隔要满足[179]

$$\Delta t=\frac{\pi}{3(E_{\max}-E_{\min})} \tag{2.64}$$

通过分裂算符方法和快速傅里叶变换（FFT），可以得到任意时刻的波函数

$$\begin{aligned}\psi(t+\Delta t)&=\hat{U}(\Delta t)\psi(t)\\&=\exp(-\mathrm{i}\Delta t\hat{T}/2)\exp(-\mathrm{i}\Delta t\hat{V})\exp(-\mathrm{i}\Delta t\hat{T}/2)\psi(t)\\&=\mathrm{FFT}^{-1}\{\exp(-\mathrm{i}\Delta t\hat{T}/2)\mathrm{FFT}\{\exp(-\mathrm{i}\Delta t\hat{V})\mathrm{FFT}^{-1}\\&\quad\{\exp(-\mathrm{i}\Delta t\hat{T}/2)\mathrm{FFT}[\psi(t)]\}\}\}\end{aligned} \tag{2.65}$$

2.2.4 切比雪夫多项式展开法

如果演化所需时间间隔较大，分裂算符法就不再适用了，初始波函数参与含时演化需要利用全局演化算符（global propagator），即把演化算符 $e^{-i\hat{H}t}$ 在 $[0,t]$ 区间用多项式展开。切比雪夫多项式法建立在切比雪夫多项式 $T_n(Y)$ 与函数 $e^{iAY}(Y\in[-1,1])$ 关系的基础上

$$e^{iAY}=\sum_n C_n(A)T_n(Y) \tag{2.66}$$

式中，$C_n(A)$ 为

$$C_n(A)=(2-\delta_{n0})i^n J_n(A) \tag{2.67}$$

其中 $J_n(A)$ 为第一类贝塞尔函数，n 为阶数。切比雪夫多项式的递归关系为

$$T_{n+1}(Y)=2YT_n(Y)-T_{n-1}(Y) \tag{2.68}$$

其中，首项和次项分别为 $T_0=1$ 和 $T_1=Y$。

为了适用以上展开形式，定义重整化的哈密顿算符 $\hat{\mathcal{H}}$，使其取值范围为 $[-1,1]$，与切比雪夫多项式一致。

$$\hat{\mathcal{H}}=(E_{\max}+E_{\min}-2\hat{H})/(E_{\max}-E_{\min}) \tag{2.69}$$

其中，$E_{\max}$ 和 $E_{\min}$ 为原哈密顿算符 $\hat{H}$ 能量期望值的上界和下界。由此，时间演化算符可表示为

$$\begin{aligned}\exp(-\mathrm{i}\hat{H}t)&=\exp[-\mathrm{i}(E_{\max}+E_{\min})t/2]\exp(\mathrm{i}AY)\\&=\exp[-\mathrm{i}(E_{\max}+E_{\min})t/2]\sum_n C_n(A)T_n(Y)\end{aligned} \tag{2.70}$$

这里，$A=(E_{\max}-E_{\min})t/2$，$Y=\hat{\mathcal{H}}$。

2.3 激光场在时频域中的转换

在频率域，激光脉冲的表达式为

$$E(\omega)=A(\omega)\mathrm{e}^{\mathrm{i}\phi(\omega)} \tag{2.71}$$

通过对 $E(\omega)$ 进行傅里叶变换，可以得到激光脉冲在时间域的表达式为：

$$E(t)=\frac{1}{2\pi}\int_{-\infty}^{\infty}E(\omega)\mathrm{e}^{-\mathrm{i}\omega t}\mathrm{d}\omega \tag{2.72}$$

$E(\omega)$ 为复函数，它包含所有关于激光脉冲的信息。

$$A(\omega)=\exp[-2\ln2(\omega-\omega_0)^2/\omega_f^2] \tag{2.73}$$

式中，$A(\omega)$ 为激光脉冲的频谱振幅；ω_f 为激光脉冲在频率域的半高全宽；$\phi(\omega)$ 为光谱相位，它在激光脉冲的调制过程中起着重要的作用。光谱相位可以展开为泰勒级数：

$$\phi(\omega)=\phi_0^{(0)}+\phi_0^{(1)}(\omega-\omega_0)+\frac{1}{2}\phi_0^{(2)}(\omega-\omega_0)^2+\frac{1}{6}\phi_0^{(3)}(\omega-\omega_0)^3+\cdots \tag{2.74}$$

其中，$\phi_0^{(0)}$ 为载波相位；$\phi_0^{(1)}$ 为群延迟；$\phi_0^{(2)}$ 为线性调频相位。系数 $\phi_0^{(2)}$ 导致脉冲的瞬时频率随时间呈线性变化，即

$$\omega(t)=\omega_0+\sigma t \tag{2.75}$$

其中，σ 为调频斜率

$$\sigma=\frac{4\phi_0^{(2)}}{T_0^4+(2\phi_0^{(2)})^2} \tag{2.76}$$

T_0 表示当 $\phi(\omega)=0$ 时，$E(t)$ 在 1/e 处时间宽度的一半，如图 2.1 所示。需要注意的是，因为频率域的半高全宽会导致 $E(t)$ 的取值变化，所以计算 T_0 时应先确定频率域的半高全宽 ω_f。$\phi_0^{(3)}$ 表示三阶相位系数。三阶项是能产生时间不对称脉冲最低的多项式阶数。

激光脉冲在频率域的表达式 $E(\omega)$ 和在时间域的表达式 $E(t)$ 代表同一个波，它们是从不同的角度描述同一个脉冲，可以通过傅里叶变换探寻它们的关系。图 2.2 表示时间域脉冲 $E(t)$ 转换为频率域脉冲 $E(\omega)$ 的过程。脉

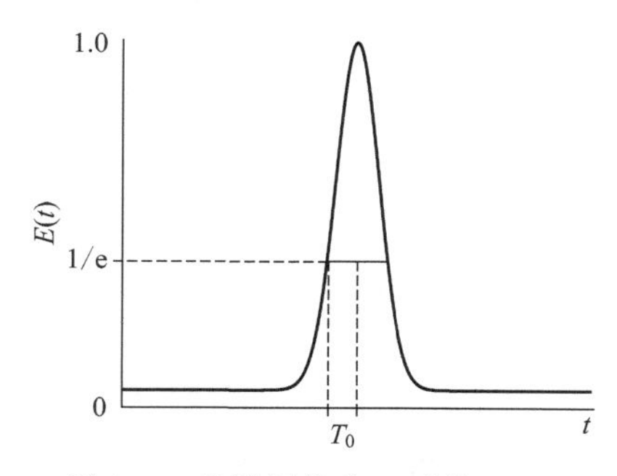

图 2.1　光谱相位为 0 时的 $E(t)$

冲 $E(t)$ 在凸透镜的焦点处经过光栅发散，然后传播到凸透镜上，最后平行于光轴射出。从凸透镜射出的平行光波按不同的频率分布在垂直于光轴的平面上。上述过程就是脉冲从时间域到频率域的傅里叶变换。

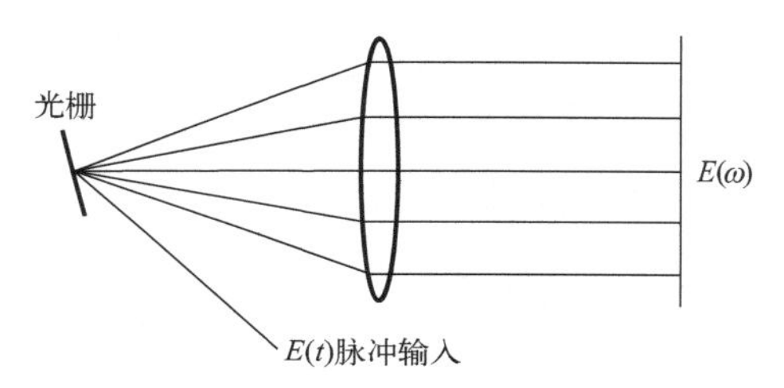

图 2.2　激光时间域脉冲 $E(t)$ 的傅里叶变换

时间域激光脉冲转换到频率域后，可以对其每个频率组分进行编辑，从而达到激光脉冲相位调制的目的。如图 2.3 所示，不同频率的光波经过相位调制面板后，每个频率的相位按着 $\phi(\omega)$ 值调制，然后光波经过凸透镜和光栅组成的镜片组叠加形成时间域的脉冲。图中 $A(\omega)$ 处竖直的黑色实线代表相应频率光波的振幅。相位调制面板不仅可以调制激光脉冲的相位，还可以通过遮挡部分频率达到频率截断的目的。

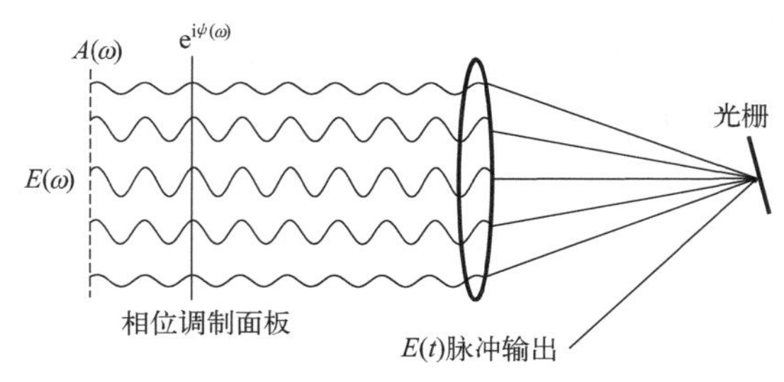

图 2.3　激光脉冲在频率域的调制

2.4 系综理论

我们都知道实际的物理系统是有温度的，在理论模型与计算中引入温度会使计算结果更具有实际意义。系统的动力学状态遵从统计分布，宏观量是相应的微观量对系统可能处的各种动力学状态的统计平均值。在统计物理中，不是讨论某一单个系统，而是讨论与给定系统相同宏观条件下、性质相同的、大量平行的系统，这些平行的系统相互独立并各自处于某一动力学状态。我们把这种由大量处于相同宏观条件下，性质完全相同而各处于某一微观运动状态，并各自独立的平行系统的集合称为统计系综[180,181]。

对于处在平衡态的孤立系统，系统的各个可能的微观状态出现的概率相等。假设某孤立系统的微观状态有100种，其中有80种微观状态的能量相同，设为 E_1，则能量 E_1 出现的概率为

$$\rho^{E_1}=\sum_{i=1}^{80}\rho_{s_i}^{E_1}=\frac{80}{100}=0.8 \tag{2.77}$$

其中

$$\rho_{s_i}^{E_k}=\frac{1}{100}\quad(i=1,\cdots,100,k=1,2,3,\cdots) \tag{2.78}$$

系统能量为 E 的概率与其对应的微观状态数有关。

系统 s 的体积 V、粒子数 N 和温度 T 恒定，符合上面条件的系统称为正则系综。由于系统的温度 T 不变，我们可以把这个系统与大热源 r 接触并且达到平衡状态。系统 s 与热源 r 组成一个孤立的复合系统 c，其能量为

$$E_c=E_s+E_r \tag{2.79}$$

因为热源的能量很大，所以 E_s 远小于 E_c。假设系统处于某一态 s_i，相应的能量为 E_k，则热源的能量为

$$E_r=E_c-E_k \tag{2.80}$$

系统 s 的微观态数为1，热源 r 的微观态数为 $\Omega(E_r)=\Omega(E_c-E_k)$。则复合系统 c 的微观状态数为 $\Omega(E_c)=1\times\Omega(E_c-E_k)$。复合系统是一个孤立系统，在平衡状态下，它的每一个可能的微观状态出现的概率相等。所以系统

处在 s_i 的概率 ρ_{s_i} 与复合系统微观状态数 $\Omega(E_c-E_k)$ 成正比，即

$$\rho_{s_i} \propto \Omega(E_c-E_k) \tag{2.81}$$

由于 $\Omega(E_c-E_k)$ 取非常大的数，它随 E_c-E_k 的增加而迅速增大，可对其取对数 $\ln\Omega(E_c-E_k)$。由于 E_k 远小于 E_c，可将 $\ln\Omega(E_c-E_k)$ 展开为 E_k 的幂级数

$$\begin{aligned}\ln\Omega(E_c-E_k) &= \ln\Omega(E_c)+\left.\frac{\partial\ln\Omega(E_c-E_k)}{\partial(E_c-E_k)}\right|_{E_c}(E_c-E_k-E_c)\\ &= \ln\Omega(E_c)-\beta E_k\end{aligned} \tag{2.82}$$

右边第一项为常数，所以

$$\rho_{s_i} \propto \mathrm{e}^{-\beta E_k} \tag{2.83}$$

归一化形式为

$$\rho_{s_i}=\frac{1}{Z}\mathrm{e}^{-\beta E_k} \tag{2.84}$$

其中 Z 为配分函数。若系统能量 E_k 的简并度为 d_{E_k}，则系统 s 中能量 E_k 出现的概率为

$$\rho_{E_k}=d_{E_k}\frac{1}{Z}\mathrm{e}^{-\beta E_k} \tag{2.85}$$

正则系综的密度算符为

$$\hat{\rho}=\frac{1}{Z}\mathrm{e}^{-\beta\hat{H}} \tag{2.86}$$

考虑处在平衡态的孤立系统，假定其粒子间的相互作用可以忽略，系统的单个粒子波函数为 $u_i(q_m)$，其中 q_m 为广义坐标。则系统的玻尔兹曼型波函数为

$$\Psi_B(q)=u_1(1)u_2(2)u_3(3)\cdots \tag{2.87}$$

根据全同原理，全同粒子坐标交换不改变系统的微观状态，即

$$|P\Psi|^2=|\Psi|^2 \tag{2.88}$$

这里 P 为交换算符，表示对波函数的坐标进行交换。符合式(2.88) 交换条件的波函数满足

$$P\Psi=\Psi \tag{2.89}$$

或

$$P\Psi=\begin{cases}+\Psi & \delta_P=1\\ -\Psi & \delta_P=-1\end{cases} \tag{2.90}$$

式中，$\delta_P=1$ 表示 P 为偶数次交换；$\delta_P=-1$ 表示 P 为奇数次交换。式(2.89) 中的波函数是交换对称波函数，式(2.90) 中的波函数是交换反对称波函数。系统的对称波函数用玻尔兹曼型波函数表示为

$$\Psi_S(q)=C\sum_P P\Psi_B(q) \tag{2.91}$$

系统的反对称波函数用玻尔兹曼型波函数表示为

$$\Psi_A(q)=C\sum_P \delta_P P\Psi_B(q) \tag{2.92}$$

归一化的单粒子自由波函数为

$$u_k(r)=\frac{1}{\sqrt{V}}\mathrm{e}^{\mathrm{i}k\cdot r} \tag{2.93}$$

其中，k 为波矢量。整个系统的波函数为

$$\Psi_K(1,\cdots,N)=(N!)^{\frac{1}{2}}\sum_P \delta_P P[u_1(1)\cdots u_N(N)] \tag{2.94}$$

若系统由玻色子组成，则式(2.94) 中 δ_P 恒为 1，若系统由费米子组成，则根据式(2.90) 确定 δ_P 的取值。正则算符矩阵元在坐标表象中的表达式为

$$\langle r_1,\cdots,r_N|\hat{\rho}|r_1',\cdots,r_N'\rangle=\frac{1}{Q_N(\beta)}\langle r_1,\cdots,r_N|\mathrm{e}^{-\beta\hat{H}}|r_1',\cdots,r_N'\rangle \tag{2.95}$$

其中

$$Q_N(\beta)=Tr[\mathrm{e}^{-\beta\hat{H}}] \tag{2.96}$$

为配分函数。将单粒子自由波函数代入坐标矩阵元中，得

$$\langle r_1,\cdots,r_N\mid \mathrm{e}^{-\beta\hat{H}}\mid r_1',\cdots,r_N'\rangle=\frac{1}{N!\,\lambda^{3N}}\sum_P \delta_P[f(Pr_1-r_1')\cdots f(Pr_N-r_N')] \tag{2.97}$$

其中

$$f(r)=\mathrm{e}^{-\pi r^2/\lambda^2} \tag{2.98}$$

平均热波长 λ 为

$$\lambda=\hbar\left(\frac{2\pi\beta}{m}\right)^2 \tag{2.99}$$

配分函数为

$$\begin{aligned}Q_N(\beta)&=Tr[\mathrm{e}^{-\beta\hat{H}}]\\&=Tr[\langle r_1,\cdots,r_N|\mathrm{e}^{-\beta\hat{H}}|r_1,\cdots,r_N\rangle]\\&=Tr\left[\frac{1}{N!\lambda^{3N}}\sum_P\delta_P[f(Pr_1-r_1)\cdots f(Pr_N-r_N)]\right]\end{aligned}\tag{2.100}$$

当

$$Pr_i-r_i\gg\lambda\tag{2.101}$$

时，$f(Pr_i-r_i)$ 迅速衰减为零，则配分函数

$$Q_N(\beta)=\frac{1}{N!}\left(\frac{V}{\lambda^3}\right)^N\tag{2.102}$$

约化为玻尔兹曼统计结果。因此当粒子平均间距满足条件

$$\lambda\ll\left(\frac{V}{N}\right)^{\frac{1}{3}}\tag{2.103}$$

时，量子统计的结果趋于玻尔兹曼统计，这时用算符 $\hat{\rho}=\mathrm{e}^{-\beta\hat{H}}$ 描述系统的热分布不需考虑粒子为费米子或波色子。

在数值计算中，系统的初始散射态由一系列归一化的离散本征态 $|\psi_{E_k}\rangle$ 加权组成，其中 E_k 为能量本征值。首先以离散化的初始本征能量和本征态计算激发态对应的光缔合分子布居。本征态 $|\psi_{E_k}\rangle$ 出现的概率为

$$P_{E_k}=\frac{1}{Z}\mathrm{e}^{-\beta E_k}\tag{2.104}$$

其中

$$Z=\sum_k\mathrm{e}^{-\beta E_k}\tag{2.105}$$

为配分函数。激发态振动能级 v_e 的布居为

$$P_{v_e}=\sum_k P_{E_k}\cdot P_{v_e}^k\tag{2.106}$$

其中，$P_{v_e}^k$ 表示在激光作用下，从系统初始态的一个归一化离散本征态 $|\psi_{E_k}\rangle$ 转移到激发电子态振动态 $|\psi_{v_e}\rangle$ 的布居。激发态的总布居为

$$P_e=\sum_{v_e}P_{v_e}\tag{2.107}$$

然后以连续化的初始本征能量和本征态计算光缔合后激发态对应的布居。由于系统初始散射态的本征能量和本征态是连续的，采用离散化的初始

本征能量和本征态模拟连续的初始本征能量和本征态。激光作用后激发态的振动能级 v_e 的布居为

$$P_{v_e}=\frac{1}{Z'}\int_0^{\infty}\mathrm{e}^{-\beta E}P_{v_e}^{E}\mathrm{d}E \tag{2.108}$$

配分函数变为

$$Z'=\int_0^{\infty}\mathrm{e}^{-\beta E}\mathrm{d}E \tag{2.109}$$

$P_{v_e}^{E}$ 表示能量为 E 时，在激光作用下从初始连续本征态 $|\psi_E\rangle$ 转移到激发电子态振动态 $|\psi_{v_e}\rangle$ 上的布居。可将式(2.108）根据离散的本征能量区间进行分割，即

$$P_{v_e}=\frac{1}{Z'}\sum_k\int_{E_k}^{E_{k+1}}\mathrm{e}^{-\beta E}P_{v_e}^{E}\mathrm{d}E \tag{2.110}$$

不同的描述方式不改变初始态的总布居（均为 1)，即

$$\int_0^{\infty}|\psi_E|^2\mathrm{d}E=1=\sum_k|\psi_{E_k}|^2 \tag{2.111}$$

根据离散的本征能量区间对式(2.111）进行分割，即

$$\sum_k\int_{E_k}^{E_{k+1}}|\psi_E|^2\mathrm{d}E=1=\sum_k|\psi_{E_k}|^2 \tag{2.112}$$

不同的描述方式也不改变初始态在能量区间 $E_k \sim E_{k+1}$ 内的布居，即

$$\int_{E_k}^{E_{k+1}}|\psi_E|^2\mathrm{d}E=|\psi_{E_k}|^2 \tag{2.113}$$

对于能量区间 $E_k \sim E_{k+1}$ 内的波函数，只要能量间隔足够小，则波函数可视为不发生变化，即在这个能量区间内的波函数不随能量的变换而变化。这样式(2.113）变为

$$|\psi_E|^2(E_{k+1}-E_k)=|\psi_{E_k}|^2 \tag{2.114}$$

即

$$\psi_E=\frac{\psi_{E_k}}{\sqrt{(E_{k+1}-E_k)}}\quad(E\in[E_k,E_{k+1}]) \tag{2.115}$$

从式(2.115）中可以看出，连续态波函数可以用离散态的波函数表示。可将式(2.108）改写为

$$P_{v_e}=\frac{1}{Z'}\sum_k\int_{E_k}^{E_{k+1}}\mathrm{e}^{-\beta E}P_{E_k}^{v_e}/(E_{k+1}-E_k)\mathrm{d}E$$

$$=\frac{1}{Z'}\sum_{k}\frac{P_{E_k}^{v_e}}{E_{k+1}-E_k}\int_{E_k}^{E_{k+1}}\mathrm{e}^{-\beta E}\,\mathrm{d}E \tag{2.116}$$

2.5 热平衡系综的量子动力学描述

在球坐标系中

$$\nabla^2=\frac{1}{R^2}\left[\frac{\partial}{\partial R}\left(R^2\frac{\partial}{\partial R}\right)+\frac{1}{\sin\theta}\frac{\partial}{\partial\theta}\left(\sin\theta\frac{\partial}{\partial\theta}\right)+\frac{1}{\sin^2\theta}\frac{\partial^2}{\partial\varphi^2}\right] \tag{2.117}$$

因此，式(2.10) 可以写成

$$\left[-\frac{1}{2\mu R^2}\frac{\partial}{\partial R}\left(R^2\frac{\partial}{\partial R}\right)+\frac{\hat{J}^2}{2\mu R^2}+V(R)\right]\psi(R,\theta,\varphi)=E\psi(R,\theta,\varphi) \tag{2.118}$$

其中

$$\hat{J}^2=-\left[\frac{1}{\sin\theta}\frac{\partial}{\partial\theta}\left(\sin\theta\frac{\partial}{\partial\theta}\right)+\frac{1}{\sin^2\theta}\frac{\partial^2}{\partial\varphi^2}\right] \tag{2.119}$$

波函数在球坐标中可以写成

$$\psi(R,\theta,\varphi)=\sum_{njm}\chi_{njm}(R)Y_{jm}(\theta,\varphi) \tag{2.120}$$

式中，n 表示振动量子数；$\chi_{njm}(R)$ 为体系波函数的径向部分；j 和 m 分别为转动量子数和磁量子数；$Y_{jm}(\theta,\varphi)$ 是球谐函数。考虑

$$\hat{J}^2Y_{jm}(\theta,\varphi)=j(j+1)Y_{jm}(\theta,\varphi) \tag{2.121}$$

并令 $\chi_{njm}(R)=\frac{\psi_{nj}(R)}{R}$，可得

$$\left[-\frac{1}{2\mu}\frac{\partial^2}{\partial R^2}+\frac{j(j+1)}{2\mu R^2}+V(R)\right]\psi_{nj}(R)=E_{nj}\psi_{nj}(R) \tag{2.122}$$

式(2.122) 是双原子分子体系径向运动满足的约化薛定谔方程，式中 $\frac{j(j+1)}{2\mu R^2}$是转动引起的离心势对径向运动的影响，当然，它可以包含在势能曲线中。这里 $\psi_{nj}(R)$ 代表转动量子数为 j 的第 n 个振动态波函数，E_{nj} 为该振转态的本征能量。

假设温度为 T，体积 V 中有 N 个原子处在热平衡状态下，其初始状态可以用正则密度算符表示。在适中的密度下，为了描述体系原子两两碰撞和光缔合过程，可以把 N 个原子当作 $N/2$ 个“原子对”处理[45]。$N/2$ 个原子对的密度算符可以由单个原子对的密度算符得到，并且可以展开在合适的正交完备基矢上，可观测量 $\hat{A}$ 的热平均含时期望值可以表示为

$$\langle \hat{A} \rangle_T(t) = Tr\left[\hat{A}\hat{\rho}_T(t)\right] \tag{2.123}$$

初始时刻的密度算符含时演化可以得到任意时刻的密度算符

$$\hat{\rho}_T(t) = \hat{U}(t,0)\hat{\rho}_T(t=0)\hat{U}^+(t,0) \tag{2.124}$$

其中

$$\hat{\rho}_T(t=0) = \frac{1}{Z}\mathrm{e}^{-\beta\hat{H}} \tag{2.125}$$

式中，$Z = Tr[\mathrm{e}^{-\beta\hat{H}}]$表示配分函数；$\hat{H}$ 为哈密顿算符；$\beta^{-1} = k_B T$；k_B 是玻尔兹曼常数。对于一个热平衡系统来说，通过求解含时薛定谔方程得到了初始非相干态参与相干含时演化的动力学过程。在较低温度下，热平均期望值由演化后的波函数和每个初始波函数对应的玻尔兹曼权重通过加权平均得到。随着温度的升高，热活跃的初始态个数会增加，也就是要使计算结果收敛，振动量子数 n 和转动量子数 j 的范围要足够大，演化所有的初始波函数会使计算量变得很大。为了提高计算效率，引入随机相位波包方法。

选择任意一组正交完备基$\{|\alpha\rangle\}$，当 N 足够大时

$$\frac{1}{N}\sum_{k=1}^{N}\mathrm{e}^{\mathrm{i}(\Theta_\alpha^k - \Theta_\beta^k)} = \delta_{\alpha\beta} \tag{2.126}$$

Θ_α^k，Θ_β^k 表示随机相位，k 为随机相位的组数。

$$1 = \frac{1}{N}\sum_{k=1}^{N}|\psi^k\rangle\langle\psi^k| = \frac{1}{N}\sum_{k=1}^{N}\sum_{\alpha\beta}\mathrm{e}^{\mathrm{i}(\Theta_\alpha^k - \Theta_\beta^k)}|\alpha\rangle\langle\beta| = \frac{1}{N}\sum_{k=1}^{N}\sum_{\alpha\beta}|\psi_\alpha^k\rangle\langle\psi_\beta^k| \tag{2.127}$$

式中，$|\psi_\alpha^k\rangle = \mathrm{e}^{\mathrm{i}\Theta_\alpha^k}|\alpha\rangle$，$|\psi^k\rangle = \sum_\alpha \mathrm{e}^{\mathrm{i}\Theta_\alpha^k}|\alpha\rangle$。接下来介绍三种基组（格点基组、本征函数基组、自由高斯函数基组）产生随机相位波包的方法，这三种基组可以表示与实验相对应的初始热系综，相关形式在文献［45］中有具体描述，这里只做简要介绍。虽然形式上是等价的，但三种方法计算得到的热平均值收敛时，所需基函数数目显著不同。基于第二种基组（本征函数基

组）进一步发展的全维随机相位波包方法也在此作简要介绍，相关内容在后续章节中结合实例具体介绍。

2.5.1 格点基组随机相位波包方法

对于每个分波 j，位于每个格点 R 处的基函数满足 $1_j=\sum_R |R,j\rangle\langle R,j|$。随机相位波包可以通过不同的随机相位乘以每个基函数得到。

$$|\psi_j^k\rangle=\sum_{R_i=1}^{N_R}\mathrm{e}^{\mathrm{i}\Theta_{R,j}^k}|R,j\rangle \tag{2.128}$$

k 表示对应于每个格点的一组随机相位 $\Theta_{R,j}^k$，由此产生的波函数 $\langle R|\psi_j^k\rangle$ 有一个确定的振幅，并且在每个 R 处有不同的随机相位。由随机相位波包 $|\psi_j^k\rangle$ 得到的初始密度算符表示为

$$\begin{aligned}\hat{\rho}_T(t=0)&=\frac{1}{Z}\mathrm{e}^{-\frac{\beta}{2}\hat{H}_g^j}\mathrm{e}^{-\frac{\beta}{2}\hat{H}_g^j}\frac{1}{N}\sum_{k=1}^{N}\sum_{R,R',j}(2j+1)\times\mathrm{e}^{\mathrm{i}(\Theta_{R,j}^k-\Theta_{R',j}^k)}|R,j\rangle\langle R',j|\\&=\frac{1}{N}\sum_{k=1}^{N}\frac{1}{Z}\sum_{j=0}^{j_{\max}}(2j+1)\mathrm{e}^{-\frac{\beta}{2}\hat{H}_g^j}|\psi_j^k\rangle\langle\psi_j^k|\mathrm{e}^{-\frac{\beta}{2}\hat{H}_g^j}\\&=\frac{1}{N}\sum_{k=1}^{N}\frac{1}{Z}\sum_{j=0}^{j_{\max}}(2j+1)|\psi_j^k\rangle_{TT}\langle\psi_j^k|\end{aligned} \tag{2.129}$$

其中

$$\hat{H}_g^j=\hat{T}+V_g(R)+\frac{j(j+1)}{2\mu R^2} \tag{2.130}$$

$$|\psi_j^k\rangle_T=\mathrm{e}^{-\frac{\beta}{2}\hat{H}_g^j}|\psi_j^k\rangle \tag{2.131}$$

为了计算含时期望值，$N(j_{\max}+1)$ 个随机相位波包需要含时演化，

$$|\psi_j^k(t)\rangle_T=\hat{U}(t,0)|\psi_j^k\rangle_T \tag{2.132}$$

热平均期望值表示为：

$$\begin{aligned}Tr[\hat{A}\hat{\rho}_T(t)]&=\frac{1}{N}\sum_{k=1}^{N}\sum_{R,j}(2j+1)\langle\psi_{R,j}^k|\hat{A}\hat{U}(t,0)\hat{\rho}_T(t=0)\hat{U}^+(t,0)|\psi_{R,j}^k\rangle\\&=\frac{1}{N}\sum_{k=1}^{N}\frac{1}{Z}\sum_{R,j}(2j+1)\langle\psi_{R,j}^k|\mathrm{e}^{-\frac{\beta}{2}\hat{H}_g^j}\hat{U}^+(t,0)\hat{A}\hat{U}(t,0)\mathrm{e}^{-\frac{\beta}{2}\hat{H}_g^j}|\psi_{R,j}^k\rangle\end{aligned}$$

$$=\frac{1}{N}\sum_{k=1}^{N}\frac{1}{Z}\sum_{j=0}^{j_{\max}}(2j+1)_T\langle\psi_j^k(t)|\hat{A}|\psi_j^k(t)\rangle_T \tag{2.133}$$

该方法的收敛过程是缓慢的，达到收敛所需的随机相位组数远大于网格点的数量，收敛速度慢的原因是没有预先选择热系综中最相关的初始波函数。

2.5.2 本征函数基组随机相位波包方法

通过预先选择 $\hat{H}_g^j$ 的本征函数$|n,j\rangle$作为热系综中的基函数，仅在振动自由度（n）做随机相位展开，本征函数基组下的随机相位波包可以写成

$$|\psi_j^k\rangle=\sum_n \mathrm{e}^{\mathrm{i}\Theta_{n,j}^k}|n,j\rangle \tag{2.134}$$

式中，j 表示分波，n 为振动量子数，既可表示势阱中的束缚态，也可表示箱归一化的离散连续态。初始时刻的密度算符表示为

$$\begin{aligned}\hat{\rho}_T(t=0)&=\frac{1}{Z}\mathrm{e}^{-\frac{\beta}{2}\hat{H}_g^j}\mathrm{e}^{-\frac{\beta}{2}\hat{H}_g^j}\frac{1}{N}\sum_{k=1}^{N}\sum_{n,n',j}(2j+1)\mathrm{e}^{\mathrm{i}(\Theta_{n,j}^k-\Theta_{n',j}^k)}|n,j\rangle\langle n',j|\\&=\frac{1}{N}\sum_{k=1}^{N}\frac{1}{Z}\sum_{n,j}(2j+1)\mathrm{e}^{\mathrm{i}\Theta_{n,j}^k}\mathrm{e}^{-\frac{\beta}{2}E_{n,j}}|n,j\rangle\sum_{n'}\langle n',j|\mathrm{e}^{-\frac{\beta}{2}E_{n',j}}\mathrm{e}^{-\mathrm{i}\Theta_{n',j}^k}\\&=\frac{1}{N}\sum_{k=1}^{N}\frac{1}{Z}\sum_{j=0}^{j_{\max}}(2j+1)|\psi_j^k\rangle_{T\,T}\langle\psi_j^k|\end{aligned} \tag{2.135}$$

其中，$E_{n,j}$ 为各个分波对应的基态哈密顿 $\hat{H}_g^j$ 的能量本征值，随机相位波包表示为：

$$|\psi_j^k\rangle_T=\sum_n \mathrm{e}^{\mathrm{i}\Theta_{n,j}^k}\mathrm{e}^{-\frac{\beta}{2}E_{n,j}}|n,j\rangle \tag{2.136}$$

归一化的随机相位波包为

$$|\tilde{\psi}_j^k\rangle_T=\frac{1}{\sqrt{Z_j}}|\psi_j^k\rangle_T \tag{2.137}$$

热平均含时期望值为

$$Tr[\hat{A}\hat{\rho}_T(t)]=\frac{1}{N}\sum_{k=1}^{N}\sum_{j=0}^{j_{\max}}P_{jT}\langle\tilde{\psi}_j^k(t)|\hat{A}|\tilde{\psi}_j^k(t)\rangle_T \tag{2.138}$$

式中，P_j 表示各个分波 j 的权重。

$$P_j=\frac{(2j+1)Z_j}{Z} \tag{2.139}$$

配分函数

$$Z_j=\sum_n \mathrm{e}^{-\beta E_{n,j}} \tag{2.140}$$

$$Z=\sum_j (2j+1)Z_j=\sum_{j=0}^{j_{\max}}\sum_{n=0}^{n_{\max}}(2j+1)\mathrm{e}^{-\beta E_{n,j}} \tag{2.141}$$

其中，$n_{\max}, j_{\max}$ 满足的条件是 $\mathrm{e}^{-\beta E_{n_{\max}+1, j_{\max}+1}}<\xi$。

经典近似下配分函数的定义为

$$Z_{cl}=\frac{1}{h^3}\iiint \mathrm{d}^3 R \iiint \mathrm{d}^3 P\, \mathrm{e}^{-\beta\left[\frac{P^2}{2m}+V(R)\right]} \tag{2.142}$$

对角度进行积分

$$\begin{aligned} Z_{cl} &=\frac{4\pi}{h^3}\int_0^{R_{\max}} \mathrm{d}R R^2 \mathrm{e}^{-\beta V(R)}\, 2\pi \int_{-\infty}^{\infty} \mathrm{d}P_R \int_{-\infty}^{\infty} \mathrm{d}P_\perp\, P_\perp\, \mathrm{e}^{-\frac{\beta}{2m}(P_R^2+P_\perp^2)} \\ &=\frac{4\pi^2}{h^3}\int_0^{\infty} 2j\,\mathrm{d}j \int_0^{R_{\max}} \mathrm{d}R\, \mathrm{e}^{-\beta\left[\frac{j^2}{2mR^2}+V(R)\right]} \int_{-\infty}^{\infty} \mathrm{d}P_R\, \mathrm{e}^{-\beta\frac{P_R^2}{2m}} \end{aligned} \tag{2.143}$$

其中，$j=RP_\perp$。对径向动量进行积分得

$$Z_{cl}=\frac{4\pi^2}{h^3}\sqrt{\frac{2m\pi}{\beta}}\int \mathrm{d}j\, 2j Z_j^{R_{\max}} \tag{2.144}$$

式中

$$Z_j^{R_{\max}}=\sqrt{\frac{\pi\beta j^2}{2m}}\left[\mathrm{erf}\left(\frac{1}{R_{\max}}\sqrt{\frac{\pi\beta j^2}{2m}}\right)-1\right]+R_{\max}\mathrm{e}^{-\beta\frac{j^2}{2mR_{\max}^2}} \tag{2.145}$$

与之前使用的配分函数 Z 在误差允许范围内基本是一致的。

2.5.3 自由演化高斯函数随机相位波包方法

这种方法不需要对角化每个分波的基态哈密顿算符，近似为只有动能算符，该近似在温度较高的情况下是适用的，高温下散射原子的动能远大于粒子之间的相互作用。从距离相互作用区域足够远的高斯波包开始，包含玻尔兹曼权重的散射波包表示为

$$|\psi_j^{R_0}\rangle_T=\frac{1}{(\sqrt{2\pi}\sigma_{R,T})^{1/2}}\mathrm{e}^{-\frac{(R-R_0)^2}{2\sigma_{R,T}^2}}|R,j\rangle \tag{2.146}$$

热平均宽度 $\sigma_{R,T}=1/\sigma_{P,T}=1/\sqrt{2m/\beta}=1/\sqrt{2mk_BT}$，式中 R_0 远大于相互作用区 R_V。傅里叶变化后的波包为

$$|\psi_j^{R_0}\rangle_T=\frac{1}{(\sqrt{2\pi}\sigma_P)^{1/2}}\mathrm{e}^{-\frac{P^2}{2\sigma_{P,T}^2}+\mathrm{i}PR_0}|P,j\rangle \tag{2.147}$$

对应于动能算符的本征态，也就是近似让 $\mathrm{e}^{-\frac{\beta}{2}\hat{H}_g^j}|P,j\rangle\approx\mathrm{e}^{-\frac{\beta}{2}\frac{\hat{P}^2}{2m}}|P,j\rangle$。在 τ^k 时刻的含时演化波包可以表示为

$$|\psi_j^{R_0}(\tau^k)\rangle_T=\sum_n c_{nj}\mathrm{e}^{-\frac{\beta}{2}E_{n,j}-\mathrm{i}E_{n,j}\tau^k+\mathrm{i}\Theta_{n,j}^0}|n,j\rangle \tag{2.148}$$

其中散射态 $|n,j\rangle$ 选择了本征值为正的部分（取基态势能曲线渐进处为能量零点），$\Theta_{n,j}^0$ 是与 R_0 对应的初始相位。与式(2.136) 相比，随机相位 $\Theta_{n,j}^k=-E_{n,j}\tau^k+\Theta_{n,j}^0$，对于足够大的时间 $\tau^k\gg\beta/2$，$v\tau^k\gg R_0$，其中 $v=p/m=\sqrt{2E/m}=\sqrt{\beta/m}$，波函数会显著扩散到相互作用区域。这种随机相位波包方法在处理光缔合相关计算时，数值结果收敛相对较快，缺点是此方法忽略了散射态之间的相互作用以及束缚态或准束缚态。所以本书在处理光缔合和定向动力学过程时，主要采用的是本征函数基组下的随机相位波包方法，并且是经拓展后的更高维度随机相位波包方法。

2.5.4 全维随机相位波包方法（本征函数基组）

随机相位波包由包含振动自由度（n）和转动自由度（j）的随机相位 $\Theta_{n,j}^k$ 展开得到，值得注意的是磁量子数 m 在线偏振激光场的作用下是守恒的，对其求和可得一个简并因子 $(2j+1)/(4\pi)$[141,182]

$$|\psi^k\rangle=\sum_{n,j}\mathrm{e}^{\mathrm{i}\Theta_{n,j}^k}|n,j\rangle \tag{2.149}$$

式中，k 表示一组随机相位 $\{\Theta_{n,j}\}^k$，对于大量的随机相位组数 N，

$$\frac{1}{N}\sum_{k=1}^{N}\mathrm{e}^{\mathrm{i}(\Theta_{n,j}^k-\Theta_{n',j'}^k)}=\delta_{nn'}\delta_{jj'} \tag{2.150}$$

初始时刻的密度算符表示为[145]

$$\begin{aligned}\hat{\rho}_T(t=0)&=\frac{1}{Z}\mathrm{e}^{-\frac{\beta}{2}\hat{H}_g}\mathrm{e}^{-\frac{\beta}{2}\hat{H}_g}\frac{1}{N}\sum_{k=1}^{N}\sum_{n,n',j,j'}\sqrt{2j+1}\sqrt{2j'+1}\times\mathrm{e}^{\mathrm{i}(\Theta_{n,j}^k-\Theta_{n',j'}^k)}|n,j\rangle\langle n',j'|\\&=\frac{1}{N}\sum_{k=1}^{N}\frac{1}{Z}\sum_{n,j}\sqrt{2j+1}\,\mathrm{e}^{\mathrm{i}\Theta_{n,j}^k}\mathrm{e}^{-\frac{\beta}{2}E_{n,j}}|n,j\rangle\\&\quad\times\sum_{n',j'}\langle n',j'|\mathrm{e}^{-\frac{\beta}{2}E_{n',j'}}\mathrm{e}^{-\mathrm{i}\Theta_{n',j'}^k}\sqrt{2j'+1}\\&=\frac{1}{N}\sum_{k=1}^{N}\frac{1}{Z}|\psi^k\rangle_T\,{}_T\langle\psi^k|\end{aligned}\tag{2.151}$$

因此，本征函数基组下得到的全维随机相位波包表示为

$$|\psi^k\rangle_T=\sum_{n,j}\sqrt{2j+1}\,\mathrm{e}^{\mathrm{i}\Theta_{n,j}^k}\mathrm{e}^{-\frac{\beta}{2}E_{n,j}}|n,j\rangle\tag{2.152}$$

归一化的随机相位波包为

$$|\tilde{\psi}^k\rangle_T=\frac{1}{\sqrt{Z}}|\psi^k\rangle_T\tag{2.153}$$

第3章

初始态热平均效应对超冷铯原子光缔合的影响

由于冷和超冷分子在玻色爱因斯坦凝聚[183,184]、光谱学[185,186]、量子模拟[187,188] 等方面应用广泛，制备和量子控制冷和超冷分子引起了研究者的兴趣。光缔合技术能够通过激光场与冷或超冷原子相互作用形成冷或超冷分子[189,190]。在光缔合过程中，一个重要的目标是提高光缔合概率，研究者们从实验和理论方面对如何提高光缔合概率开展了大量研究[191-200]。光缔合概率可以通过选择合适的激光场参数来提高，包括载波频率、脉冲持续时间和峰值强度等参数，也可以利用啁啾脉冲[201]、静电场来提高[60]，还可以使用外磁场调控散射长度[202]，或者调节光缔合过程中不同干涉路径来提高光缔合概率[203]。

最近，时间域中不对称的慢开快关整形激光脉冲已经用在分子定向实验中[204]，该脉冲同样可以用来增强铯原子光缔合概率[36]。在慢开快关激光脉冲的作用下，处在基电子态 $a^3\Sigma_u^+(6S_{1/2}+6S_{1/2})$ 上的两个碰撞铯原子被激发到电子激发态 $0_g^-(6S_{1/2}+6P_{3/2})$上形成铯分子，如图 3.1 所示，电子激发态有一个双势阱结构，只有外势阱中的束缚态与基电子态上的连续态之间有较大的弗兰克康登因子，因此，光缔合过程中形成的分子主要束缚在外势阱中。文献［36］中证明，与时间域中对称的高斯形状脉冲相比，慢开快关激光脉冲能激发产生更高的光缔合概率，该高斯形状的脉冲上升、下降时间和慢开快关激光脉冲的上升时间设置一样。此外，使用一系列链式脉冲可以提高光缔合概率，而使用慢开快关激光脉冲链可以获得比高斯脉冲链更高的光缔合概率[205]。

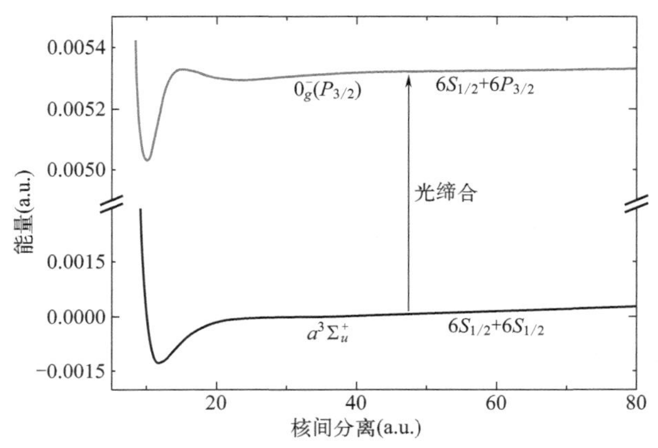

图 3.1　相关势能曲线和铯原子光缔合过程示意图

在文献［28，36，205］中，54μK 超冷温度下两个铯原子光缔合过程中的初始态采取了两个近似处理，一个假设是不考虑碰撞速度的初始热分布，只在单个离散连续态上有初始布居，其碰撞速度大小对应于最概然速率；另一个假设是仅考虑铯原子体系的 s 波对光缔合过程的贡献。第一个假设的依据是如此低的温度下速率分布范围较小，后一个假设基于超冷温度下，具有较小平动能的连续态不足以穿过转动势垒[206]，简而言之就是没有考虑初始态的热平均效应。

然而在文献［201］中，利用啁啾激光脉冲诱导光缔合过程时，考虑入射动能的热平均效应得到的光缔合概率不同于单个离散连续态得到的概率，计算中也是仅考虑了 s 波。另外，在温度 50～150μK 的范围内，除了 s 波，高阶分波对铯原子光缔合概率的影响依然是比较重要的[142]。因此，即使在 54μK 的超低温条件下，入射动能和不同分波的热平均效应可能也会影响慢开快关激光脉冲诱导的铯原子光缔合过程。受以上工作的启发，在慢开快关整形激光脉冲的作用下，本章介绍超冷温度下，初始态热平均效应对光缔合过程的影响。如果是有影响的，将进一步探究在慢开快关整形脉冲和传统的非整形脉冲（如高斯类型、正弦平方型和洛伦兹型激光脉冲）作用下，热平均的影响有何异同。

本章选取的超冷温度是 54μK，研究了两个铯原子从基电子态 $a^3\Sigma_u^+$ 到激发态 0_g^- 的光缔合过程。首先用高斯类型激光脉冲与慢开快关整形激光脉冲，然后用正弦平方型和洛伦兹型。研究发现，与非整形激光脉冲相比，慢开快关整形脉冲在初始态热平均效应影响下仍然可以诱导产生更高的光缔合概率，这得益于慢开快关整形脉冲频率域中的大展宽和时间域中的不对称性。

3.1 铯原子光缔合理论

3.1.1 两态模型

玻恩-奥本海默近似（Born-Oppenheimer approximation）条件下，两个

铯原子与激光场相互作用可以用两态含时薛定谔方程描述

$$\mathrm{i}\frac{\partial}{\partial t}\begin{bmatrix}\psi_g(R,t)\\ \psi_e(R,t)\end{bmatrix}=\hat{H}\begin{bmatrix}\psi_g(R,t)\\ \psi_e(R,t)\end{bmatrix} \tag{3.1}$$

式中，$\psi_g(R,t)$ 和 $\psi_e(R,t)$ 分别表示基电子态 $a^3\Sigma_u^+$ 和激发态 0_g^- 的核波函数。哈密顿算符表示为

$$\hat{H}=\begin{bmatrix}\hat{T}+V_g(R) & \hat{W}(t)\\ \hat{W}(t) & \hat{T}+V_e(R)\end{bmatrix} \tag{3.2}$$

式中，$\hat{T}$ 是动能算符；$V_g(R)$ 和 $V_e(R)$ 分别是基电子态 $a^3\Sigma_u^+$ 和电子激发态 0_g^- 的势能函数[25,207]。

偶极近似下，激光场与铯原子体系相互作用 $\hat{W}(t)$ 为

$$\hat{W}(t)=-\hat{\varepsilon}(t)\cdot\hat{d}(R) \tag{3.3}$$

式中，$\hat{d}(R)$ 为跃迁偶极矩算符；$\hat{\varepsilon}(t)$ 是含时电场。

$$\hat{\varepsilon}(t)=\varepsilon_0 f(t)\cos[\omega_L(t-t_0)] \tag{3.4}$$

式中

$$f(t)=\exp[-4\ln2(t-t_0)^2/\tau^2],\quad \tau=\begin{cases}\tau_r & t\leqslant t_0\\ \tau_f & t>t_0\end{cases} \tag{3.5}$$

其中，ε_0 表示峰值强度；t_0 为对应的中心时刻；ω_L 是脉冲中心频率；τ_r 和 τ_f 分别是上升和下降时间。首先考虑三种类型的激光脉冲，即两种高斯类型的脉冲和一种慢开快关整形激光脉冲，三种激光脉冲除了上升与下降时间不一样，其余参数都是完全一致的。慢开快关激光脉冲的上升时间 $\tau_r=10\text{ps}$，下降时间 $\tau_f=0.2\text{ps}$，与文献［36］中的脉冲参数设置一致。如果 τ_r 和 τ_f 是一样的，激光脉冲就是传统的高斯类型脉冲，选择的两个高斯类型激光脉冲，其中一个的上升和下降时间 $\tau_r=\tau_f=10\text{ps}$，另一个激光脉冲的上升和下降时间 $\tau_r=\tau_f=5.1\text{ps}$，后者的时间包络面积与慢开快关激光脉冲的时间包络面积是一样的。为了更好地比较这些脉冲，通过傅里叶变换得到了激光脉冲在频率域中的包络形式

$$\tilde{\varepsilon}(\omega)=\int_{-\infty}^{\infty}\varepsilon(t)\mathrm{e}^{-\mathrm{i}\omega t}\mathrm{d}t \tag{3.6}$$

在数值计算中，忽略了跃迁偶极矩随 R 变化的情况，而使用一个定值，

因为该体系的光缔合反应主要发生在大核间距处。因此，相互作用$\hat{W}(t)$可以写为

$$\hat{W}(t)=-W_0 f(t)\cos[\omega_L(t-t_0)] \tag{3.7}$$

其中，$W_0=\varepsilon_0\times d=1.0\times10^{-5}$a.u. 表示 $t=t_0$ 时的相互作用强度。相对于共振位置，中心频率 ω_L 有一个 3.0cm^{-1} 的红移。

3.1.2 初始态的热平均效应

假设铯原子在初始时刻都处在基电子态的连续态上，给定一个转动量子数 j，基态哈密顿算符 $\hat{H}_g$ 表示为

$$\hat{H}_g=-\frac{1}{2\mu}\frac{\partial^2}{\partial R^2}+V_g(R)+\frac{j(j+1)}{2\mu R^2} \tag{3.8}$$

式中，μ 是折合质量，对应的径向本征函数 $\psi_{g,nj}(R)$ 和能量本征值 $E_{g,nj}$ 可以通过映射傅里叶网格哈密顿方法得到[160,161]，在 19200a.u. 的核间距范围内使用 1024 个格点，n 表示振动量子数。如图 3.1 所示，基电子态的解离阈值设为 0，因此，求解式(3.8) 可以得到 N_j 个束缚态 $E_{g,nj}<0$ 和 $1024-N_j$ 个离散连续态 $E_{g,nj}>0$。此处不用振动量子数 $\nu=0,1,\cdots,N_j-1$ 表示束缚态，而是用 $n=-1,-2,\cdots$ 从势能 0 点往下记数，离散连续态用 $n=1,2,\cdots$ 从势能 0 点往上记数。注意磁量子数 m 在 $\hat{H}_g$ 中没有被考虑，对其求和可得一个简并因子$(2j+1)/(4\pi)$。

给定一个初始态$|\psi_{g,nj}\rangle(E_{g,nj}>0)$，在激光场的作用下，通过求解式(3.1)，从初始时刻 t_i 到激光结束时刻 t_f 含时演化初始波函数可求得光缔合概率 P_{nj}

$$P_{nj}=|\langle\psi_e|\hat{U}(t_f,t_i)|\psi_{g,nj}\rangle|^2 \tag{3.9}$$

式中，$|\psi_e\rangle$表示电子激发态波函数，含时演化算符 $\hat{U}(t_f,t_i)$ 用切比雪夫多项式展开[162]。

给定一个温度 T，热平均光缔合概率表示为

$$P_T=\sum_{nj}W_{nj,T}P_{nj} \tag{3.10}$$

每个离散连续态$|\psi_{g,nj}\rangle$的权重因子是$W_{nj,T}$，

$$W_{nj,T}=\frac{(2j+1)e^{-\beta E_{g,nj}}}{\sum_{nj}(2j+1)e^{-\beta E_{g,nj}}} \tag{3.11}$$

其中，$\beta^{-1}=k_B T$，k_B 是玻尔兹曼常数。温度 $T=54\mu K$ 时，式(3.10)和式(3.11)中的$W_{nj,T}$和P_T选取$n\in[1,63]$和$j\in[0,100]$，计算结果就能收敛，见表3.1。

表3.1 温度为54μK时，三种激光脉冲诱导产生的最终光缔合概率

激光脉冲	P_{single}	P_T	$\|P_{single}-P_T\|/P_{single}$
STRT($\tau_r=10ps$,$\tau_f=0.2ps$)	2.02×10^{-2}	1.41×10^{-2}	0.30
Gauss-type-1($\tau_r=\tau_f=10ps$)	9.60×10^{-5}	3.09×10^{-6}	0.97
Gauss-type-2($\tau_r=\tau_f=5.1ps$)	5.66×10^{-4}	2.03×10^{-4}	0.64

注：单个离散连续态$P_{single}=P_{nj}$，$n=39$，$j=0$对应的光缔合概率，以及考虑了初始态热平均效应得到的热平均光缔合概率，即式(3.10)中的P_T，同时给出了$|P_{single}-P_T|/P_{single}$的值。

3.2 热平均效应下的铯原子光缔合

为了探究温度为54μK时，初始态热平均效应对铯原子光缔合过程(图3.1所示)的影响，比较了三种激光脉冲激发得到的光缔合概率，如表3.1所示。其中一种是重点关注的慢开快关激光脉冲，另外两种是具有不同持续时间的高斯类型脉冲。对于每一种激光脉冲，分别计算了只考虑单个离散连续态和考虑初始态热平均的光缔合概率。选中的单个离散连续态和文献[28]中选取的是同一个，它的碰撞速率等于温度为54μK时体系的最概然速率。光缔合概率的相对改变量同样被列在表3.1中。

首先，无论是考虑初始态的热平均效应还是不考虑，慢开快关脉冲激发的光缔合概率比高斯类型脉冲激发的大几个数量级；其次，在考虑了初始态热平均效应后，三种激光脉冲诱导产生的光缔合概率都降低了；最后，慢开快关脉冲在这三种脉冲中激发的光缔合概率相对改变量是最小的。因此，可以得出结论：即使在如此低温（54μK）的条件下，初始态的热平均效

应仍然对光缔合概率有影响，非相干初始态可以消除在单一初始态下观察到的一些相干效应，这将导致光缔合概率降低。尽管如此，慢开快关整形脉冲依然具有显著的优势，与时间域中对称的高斯脉冲相比，该脉冲激发的光缔合概率较高，以及考虑初始态热平均后，光缔合概率的相对变化量较小。

为了详细说明在热平衡系综中，慢开快关脉冲在光缔合过程中的优势，首先用慢开快关脉冲和高斯类型 1 脉冲作比较。如图 3.2(a) 所示，因为慢开快关脉冲的下降时间远小于高斯类型 1 脉冲的下降时间，所以慢开快关脉冲的时间包络面积基本上是高斯类型 1 脉冲的一半。单个初始态参与的光缔合过程中，由于慢开快关脉冲快速关闭的特性，可以减少在下降时间段内分子与脉冲之间的能量交换。因此，没有足够的能量把激发态上形成的光缔合分子转移回离散连续态上，这将导致给定一个初始态，与高斯类型 1 脉冲相比，时间域中不对称的慢开快关脉冲会诱导产生更大的光缔合概率。考虑初始态热平均效应后，慢开快关整形激光脉冲的这种优势依然存在。

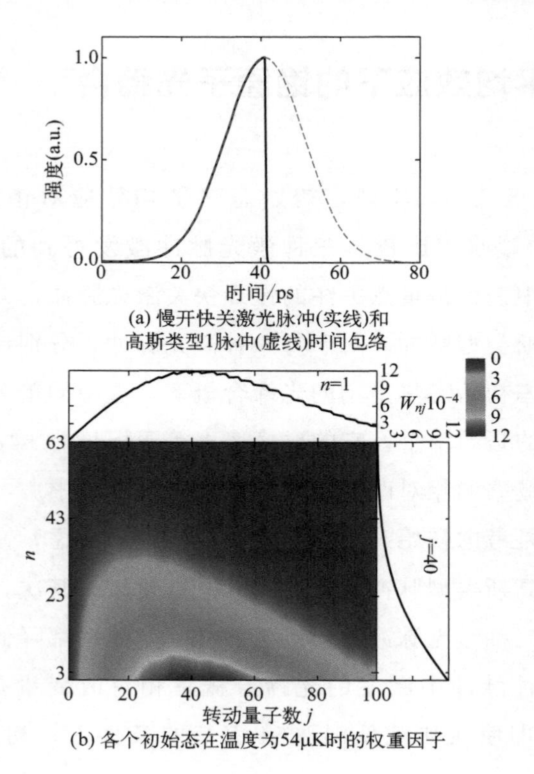

(a) 慢开快关激光脉冲(实线)和高斯类型1脉冲(虚线)时间包络

(b) 各个初始态在温度为54μK时的权重因子

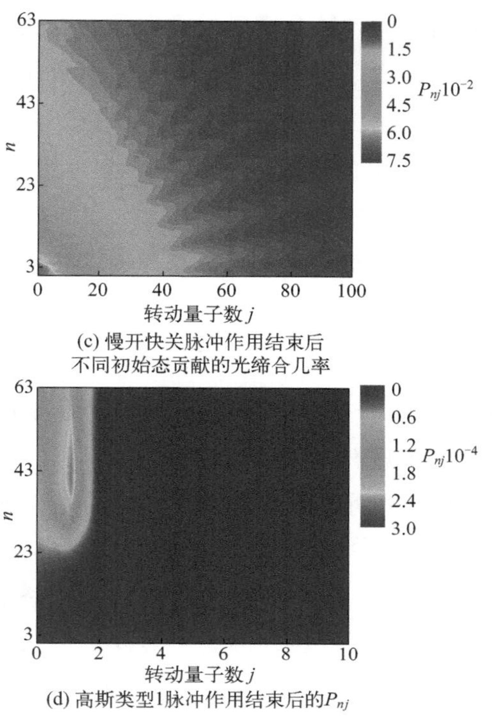

(c) 慢开快关脉冲作用结束后不同初始态贡献的光缔合几率

(d) 高斯类型1脉冲作用结束后的P_{nj}

图 3.2 慢开快关脉冲在光缔合过程中的优势

此外，热平均光缔合概率依赖于每个初始态的权重因子和其含时演化后的光缔合概率，54μK 温度下，各个初始态对应的权重因子见图 3.2(b)。另外，为了提高等高线图的分辨率，增加了振动量子数 $n=1$ 和转动量子数 $j=40$ 的权重一维图，分别放置到二维图的上端和右端。可以看到随着转动量子数的增加，$n=1$ 的权重因子先增大后减少，并且值得注意的是，对于固定的量子数 n，权重因子随着转动量子数的变化不是平滑的，特别是转动量子数较大时，这种现象更加明显。因为随着转动量子数的增大，离心势在增大，会导致束缚态个数减少，离散连续态增多，转动量子数越大，越可能出现这种情况。尽管如此，权重因子的大致趋势仍然遵循着传统意义上的玻尔兹曼分布。固定转动量子数 $j=40$，权重因子随 n 呈指数衰减形式，这是因为有效势、离心势以及原始裸势的总和对于给定的转动量子数是固定的，束缚态或离散连续态对应的能量本征值随振动量子数 n 的增大而逐渐增大。

从图 3.2(b) 可以看出，很多初始态的玻尔兹曼权重因子有比较大的数量级，大致分布在 $1\leqslant n\leqslant 20$ 和 $10\leqslant j\leqslant 90$ 的区域内，意味着如果初始态属于该区域，那么它对热平均光缔合概率的贡献是可以被考虑的。因此，为了获得较高的热平均光缔合概率，需要同时满足两个条件：第一，初始态对光缔合概率的贡献足够大；第二，该初始态要尽可能处在有效权重区域内。除此之外，还注意到表 3.1 中的 P_{single} 对应的单个初始态超出了有效的权重区域。

现在，分别考虑在慢开快关脉冲和高斯类型 1 脉冲作用结束后各个初始态对光缔合概率的贡献。如图 3.2(c) 所示，在慢开快关脉冲作用结束后，P_{nj} 在相对较宽的区域内（$1 \leqslant n \leqslant 23$ 和 $0 \leqslant j \leqslant 20$）有相对较大的量级（$>3 \times 10^{-2}$）。然而对于高斯类型 1 脉冲的情况，随着 n 和 j 两个量子数的改变，P_{nj} 的分布发生了剧烈的变化，正如在图 3.2(d) 中看到的，不仅 P_{nj} 的量级全部减小了大概两个数量级，P_{nj} 的区域也减少到一个很小的范围（$23 \leqslant n \leqslant 63$ 和 $0 \leqslant j \leqslant 2$）。很明显，在慢开快关脉冲的作用下，更多的初始态处在有效的权重区域内，并且对应着更大的光缔合概率。因此，对于慢开快关整形激光脉冲而言，上面提到的两个条件可以同时满足，这是为什么与高斯类型 1 脉冲相比，慢开快关脉冲会诱导产生较大的热平均光缔合概率。

一方面，慢开快关整形激光脉冲在时间域中不对称的性质可以用来增加光缔合概率，另一方面，慢开快关脉冲在频率域中的展宽可以让我们更好地理解随着 n 和 j 的改变，P_{nj} 有比较宽的分布。慢开快关脉冲和高斯类型 1 脉冲在频率域中的展宽如图 3.3(a) 所示，可以看出频率域中，慢开快关脉冲的展宽比高斯类型 1 脉冲的宽，峰值强度却基本是高斯类型 1 脉冲的一半，与在时间域中慢开快关脉冲的包络面积是高斯类型 1 脉冲的一半是一致的。基电子态上离散连续态和激发态上振动态之间的弗兰克康登因子展示在图 3.3(b) 中，以 $j=0$ 的情况为例，注意零能量参考点设置在基电子态渐进位置。由于 $54\mu K$ 的超低温度，离散连续态的能量彼此很接近，因此，可以考虑让特定目标振动态和一系列离散连续态的能量差近似等于相应振动态的能量本征值，如图 3.3(b) 中右侧坐标所示。

比较图 3.3(a) 中激光脉冲频率分布范围和图 3.3(b) 中初始态与目标振动态之间的能量差值，发现在高斯类型 1 脉冲的作用下，初始态与非常有限的相对较深的振动态（振动量子数大概从 120 到 135）有耦合，如图 3.3(b) 中虚线框所示，它的上边界被一个箭头标识出来，对应着高斯类型 1 脉冲频率范围的上限。而慢开快关脉冲的频率分布能覆盖所有的目标振动态，也就是 ν 从 120 到 240，包含了有显著弗兰克康登因子的振动态，如图 3.3(b) 所示。虽然慢开快关脉冲在频率域中的峰值强度相对较弱，但是大的弗兰克康登因子可以保证高效的非共振跃迁。非共振跃迁指的是由远超出慢开快关脉冲中心频率的频率部分引起的跃迁，这可以被电子激发态的振动态布居分布来证实，慢开快关脉冲和高斯类型 1 脉冲作用结束后的振动态布居分别展示在图 3.3(c) 和图 3.3(d) 中。仍然以转动量子数 $j=0$ 为例，$P_{n\to\nu}$ 表示从初始态 n 到目标振动态 ν 的跃迁概率，从中可以看出，由于慢开快关脉冲较大的频率展宽，能覆盖具有大弗兰克康登因子的非共振区域，非共振跃迁到较高目标振动态的初始态对总的光缔合概率贡献很大。另外在图 3.3(c) 中，虚线框中放大了 250 倍后的数据，和图 3.3(d) 中的数值量级是一样的，可以看出在近共振跃迁区域，慢开快关脉冲也能诱导相对较宽的跃迁范围，得益于慢开快关脉冲频率域中的大展宽。

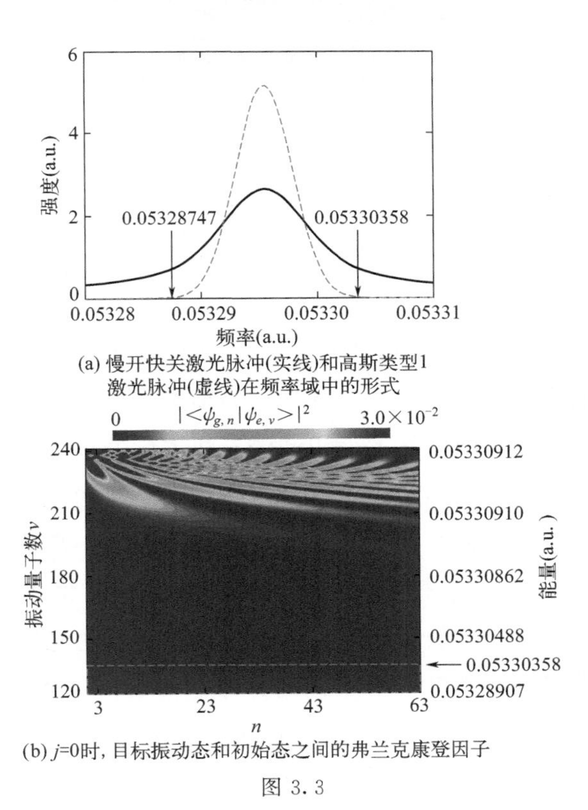

(a) 慢开快关激光脉冲(实线)和高斯类型1激光脉冲(虚线)在频率域中的形式

(b) j=0时，目标振动态和初始态之间的弗兰克康登因子

图 3.3

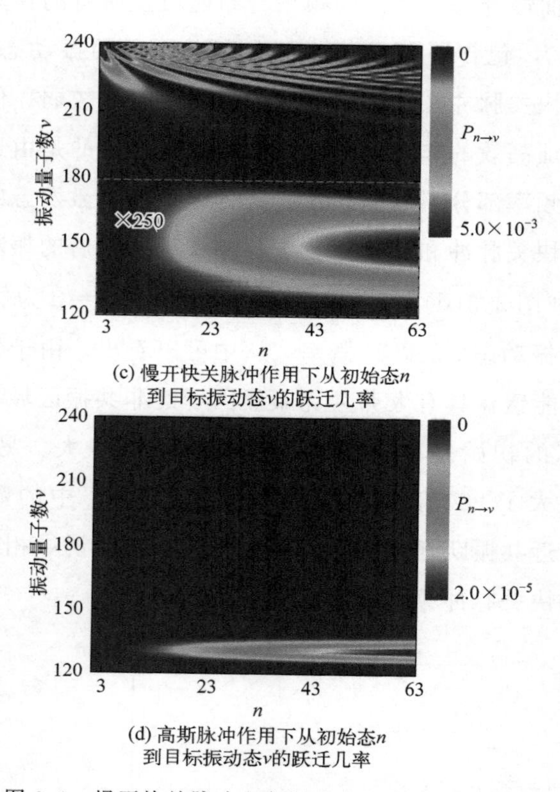

(c) 慢开快关脉冲作用下从初始态n
到目标振动态v的跃迁几率

(d) 高斯脉冲作用下从初始态n
到目标振动态v的跃迁几率

图 3.3 慢开快关脉冲和高斯脉冲作用下的跃迁概率

图(a) 中用箭头标出的是高斯类型 1 脉冲的频率展宽，对应于图(b) 中虚线框中标出的激发区域；固定初始转动量子数 $j=0$；为了与图(d) 作比较，图(c) 中虚线框中的分布被放大了 250 倍。

高斯类型 2 脉冲在时间域和频率域中的形式分别展示在图 3.4(a) 和 (b) 中，为了便于比较，慢开快关脉冲和高斯类型 1 脉冲的图也一起做了展示。高斯类型 2 脉冲时间包络的面积和慢开快关脉冲设置的是一样的，但是在时间域上是对称的。在频率域中，高斯类型 2 脉冲的展宽比高斯类型 1 脉冲的大，但是仍然没有慢开快关脉冲的展宽大。因此，高斯类型 2 脉冲激发产生的光缔合概率介于慢开快关脉冲和高斯类型 1 脉冲之间，如图 3.5(a) 所示，在高斯类型 2 脉冲的作用下，不同初始态贡献的光缔合概率与慢开快关脉冲对应的光缔合概率有一个相似的分布，但数值整体都小了一个量级。而且，高斯类型 2 脉冲诱导的 $P_{n\to v}$ 分布和慢开快关脉冲的也基本相似，都有来自非共振和近共振跃迁的贡献，只是图 3.5(b) 中的数量级设置成了

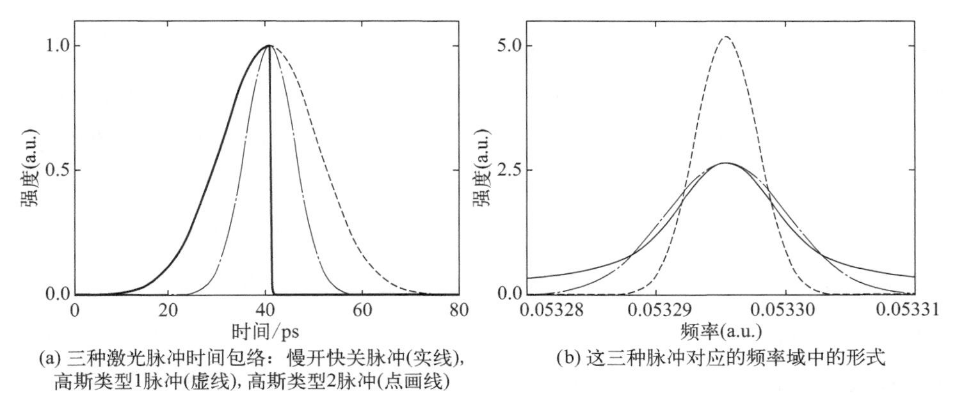

(a) 三种激光脉冲时间包络：慢开快关脉冲(实线)，高斯类型1脉冲(虚线)，高斯类型2脉冲(点画线)

(b) 这三种脉冲对应的频率域中的形式

图 3.4　三种激光脉冲时间包络及对应的频率域中的形式

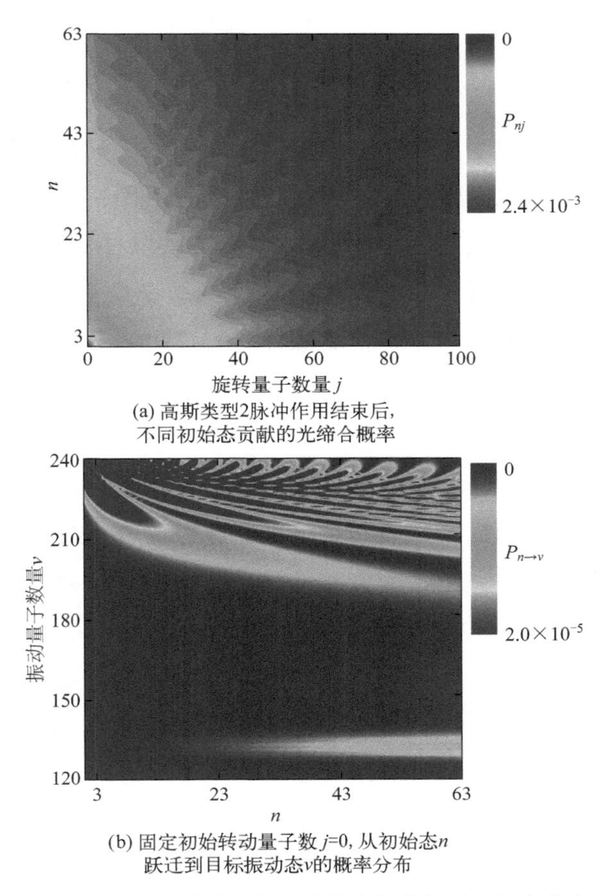

(a) 高斯类型2脉冲作用结束后，不同初始态贡献的光缔合概率

(b) 固定初始转动量子数 $j=0$，从初始态 n 跃迁到目标振动态 v 的概率分布

图 3.5　不同初始态贡献的光缔合概率与跃迁概率分布

和图 3.3(d) 中一样的数量级，远小于图 3.3(c) 中的量级。可以看出，尽管高斯类型 2 脉冲可以诱导非共振跃迁，但近共振跃迁受到抑制，与高斯类型 1 脉冲相比，高斯类型 2 脉冲诱导的近共振跃迁也是相对较弱的，不仅有效的近共振区域比较小，而且在近共振区域，图 3.5(b) 中 $P_{n\to v}$ 的数量级也比图 3.3(d) 中的小很多。

综上可知，即使是超冷温度 54μK 时，在三种激光脉冲的作用下，初始动能和不同分波的热平均效应仍然应该被考虑。对于有相对较大展宽的慢开快关脉冲和高斯类型 2 脉冲，分波 j 的数值要达到 100 才能使热平均的计算结果收敛。得益于频率域的大展宽和时间域的不对称性，慢开快关脉冲可以在非共振和近共振区域诱导相对强的跃迁，而高斯类型 1 脉冲仅能诱导弱的近共振跃迁，高斯类型 2 脉冲仅可以诱导相对较弱的非共振跃迁，因此，在考虑初始态的热平均效应后，慢开快关脉冲激发产生的光缔合概率依然很大。

慢开快关脉冲可以看成是一个相对持续时间较长的高斯脉冲整形为更短持续时间的脉冲，所以用慢开快关脉冲与两个有不同持续时间的高斯脉冲作比较。为了简单起见，在此之后把这种慢开快关脉冲称作慢开快关高斯脉冲，正如前面提到的，慢开快关高斯脉冲已经用来研究分子的定向和取向。其他波形的激光脉冲整形为慢开快关脉冲是否可以诱导产生更大的热平均光缔合概率，以及在考虑初始态热平均效应后仍能显示出优势，这些都是很有趣的问题。

因此，另外两种常见类型的脉冲波形——正弦平方形状和洛伦兹形状脉冲被考虑。为了和前面提到的慢开快关高斯脉冲比较，与之对应的慢开快关脉冲分别命名为慢开快关正弦平方和慢开快关洛伦兹脉冲。式(3.5) 中的时间包络函数变为

$$f(t)=\sin^2\left[\frac{\pi(t-t_0)}{\tau}+\frac{\pi}{2}\right],\quad \tau=\begin{cases}\tau_r & t\leqslant t_0\\ \tau_f & t_0<t\end{cases} \tag{3.12}$$

$$f(t)=\frac{1}{1+\dfrac{(t-t_0)^2}{\tau^2}},\quad \tau=\begin{cases}\tau_r & t\leqslant t_0\\ \tau_f & t_0<t\end{cases} \tag{3.13}$$

式(3.12) 和式(3.13) 分别是正弦平方和洛伦兹函数的脉冲包络。在计算

中，慢开快关正弦平方和慢开快关洛伦兹脉冲的时间包络面积设置的与慢开快关高斯脉冲的一样。时间域中对称的正弦平方形状和洛伦兹形状脉冲，也考虑了两种类型的持续时间，较长持续时间的脉冲设置的与高斯类型 1 脉冲有一样的时间包络面积，较短持续时间的脉冲与高斯类型 2 脉冲有一样的时间包络面积，这六种脉冲的时间包络见图 3.6。六种激光脉冲激发的光缔合概率汇总到表 3.2 中，激光场和分子参数与表 3.1 中的一样。六种激光脉冲对应的数据被分为两组，以便与表 3.1 中的数据作比较，从表 3.2 看出，高斯形状脉冲和慢开快关高斯脉冲换成正弦平方或者是洛伦兹形状的脉冲，前面推断出的结论仍然成立。与两个不同持续时间的 X 类型脉冲（X＝正弦平方、洛伦兹）相比，慢开快关 X（X＝正弦平方、洛伦兹）脉冲仍能诱导产生最大的光缔合概率。除此之外，如表 3.2 所示，在慢开快关 X 脉冲作用下，P_{single} 和 P_T 的绝对值与慢开快关高斯脉冲对应的值很接近，而时间域中对称的 X 类型脉冲相对于高斯类型脉冲来说，P_{single} 和 P_T 的绝对值都发

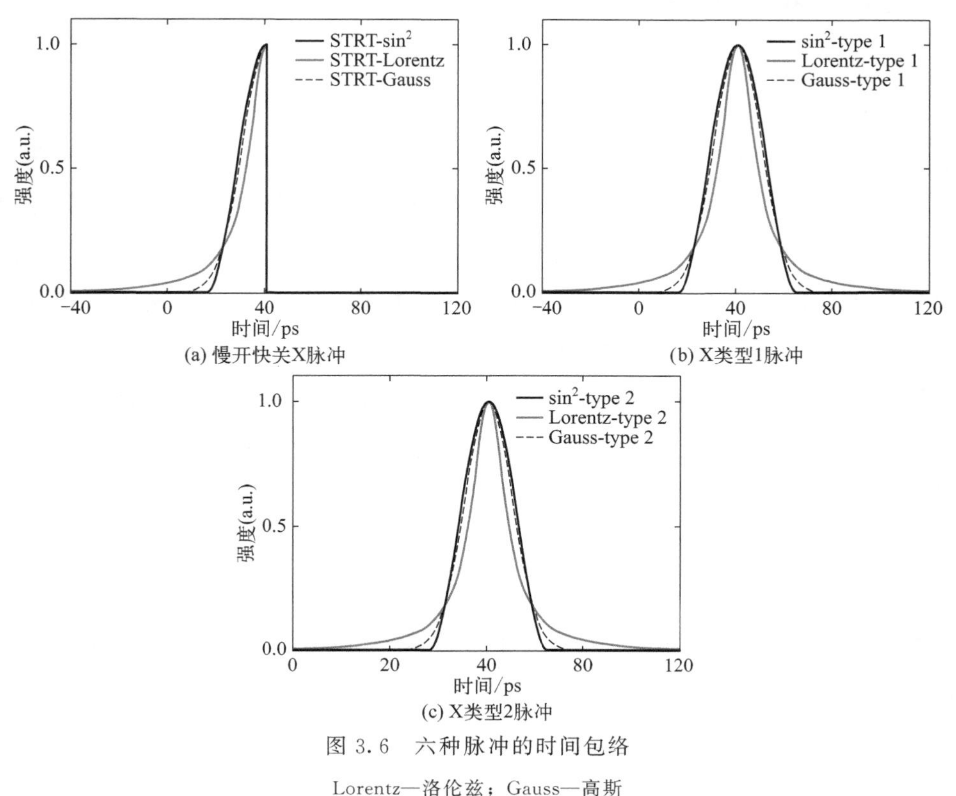

图 3.6　六种脉冲的时间包络

Lorentz—洛伦兹；Gauss—高斯

生较大的变化，进一步显示出初始态热平均效应对慢开快关脉冲激发的光缔合概率影响较小。

表 3.2　六种激光脉冲激发的光缔合概率

激光脉冲	P_{single}	P_T	$\|P_{single}-P_T\|/P_{single}$
STRT-$\sin^2$(τ_r=50.16ps, τ_f=1ps)	1.90×10^{-2}	1.27×10^{-2}	0.33
$\sin^2$-type-1($\tau_r=\tau_f$=50.16ps)	12.9×10^{-5}	5.14×10^{-6}	0.96
$\sin^2$-type-2($\tau_r=\tau_f$=25.56ps)	29.9×10^{-4}	11.2×10^{-4}	0.63
STRT-Lorentz(τ_r=8.375ps, τ_f=139fs)	2.19×10^{-2}	1.52×10^{-2}	0.31
Lorentz-type-1($\tau_r=\tau_f$=8.375ps)	8.08×10^{-5}	2.66×10^{-6}	0.97
Lorentz-type-2($\tau_r=\tau_f$=4.371ps)	27.1×10^{-4}	9.68×10^{-4}	0.64

注：考虑了正弦平方类型脉冲和洛伦兹类型脉冲，基于这两种波形的慢开快关脉冲命名为慢开快关X(X=正弦平方，洛伦兹）脉冲。将慢开快关 X、X 类型 1 和 X 类型 2 脉冲的时间包络面积设为与表 3.1 中使用的慢开快关、高斯类型 1 和高斯类型 2 脉冲的相同，括号中列出了相关的脉冲参数。

3.3　本章小结

本章研究了 54μK 超冷温度下，使用慢开快关整形激光脉冲，初始态热平均效应对铯原子光缔合过程的影响，两种高斯类型激光脉冲也被考虑其中。高斯类型 1 脉冲在频率域中有狭窄的展宽，其上升和下降时间与慢开快关脉冲的上升时间一样，该高斯类型脉冲仅能诱导近共振跃迁，热平均的影响最为明显，相对于非热平均计算结果，考虑热平均后的光缔合概率减少了将近 97%。高斯类型 2 脉冲的时间包络面积与慢开快关脉冲的一样，可以诱导相对较弱的非共振和近共振跃迁，光缔合概率减少了大约 64%。然而，与只考虑单一初始态的非热平均计算结果相比，考虑初始态热平均效应后，慢开快关脉冲激发的光缔合概率仅减少了大约 30%，并且仍能保持一个相对大的值。得益于频率域中的大展宽和时间域中的不对称性，慢开快关整形脉冲可以同时实现高效的非共振和近共振跃迁。进一步与正弦平方以及洛伦兹等其他传统类型的脉冲对比，慢开快关脉冲仍然可以诱导产生较大的光缔合概率，热平均效应影响最小。

第 4 章

初始态热平均效应对高温镁原子光缔合的影响

相干控制作为一种控制化学反应动力学的方法，其基本思想是利用外电场有选择地形成或断开化学键[51,52]。光解离等外场调控断键过程已经实现[57]。随着飞秒激光和脉冲整形技术的发展，光缔合作为一种最简单的利用外场促使化学键形成的方案，为相干控制化学成键提供了重要的技术支持。在飞秒时间尺度上，应用紫外单光子跃迁实现了光缔合，并获得了各向异性的转动分子[62]。随后，飞秒激光脉冲和整形脉冲诱导的光缔合过程被广泛研究[63]。光缔合过程已经在不同的温度条件下实现，例如，在啁啾激光脉冲作用下，超冷（150μK）^{87}Rb 原子光缔合形成激发态分子[60]。即使在更高温度（1000K）下，虽然镁原子体系的热平衡系统中初始态是完全不相干的，但仍能在飞秒激光场中通过光缔合过程形成镁分子[61]。

形成和断开化学键的过程主要在于所涉及的初始态不同，断键过程中的初始态是一个或几个束缚量子态，而在形成化学键的过程中初始态是一些不相干的散射连续态，并且随着温度升高，会涉及越来越多的散射态[208]。最近的研究表明，高温镁原子光缔合即使在 1000K 时也实现了分子振动态相干控制[71]。正线性啁啾脉冲可以增大光缔合形成束缚镁分子的布居，而负线性啁啾脉冲可抑制其布居[61]。Amaran 等人采用了随机相位波包的量子动力学理论来分析上述实验结果[45]。随机相位波包方法也可以应用于其他方面，如没有相互作用的电子线性响应函数的计算[144]，耗散现象的模拟[145]，多组态含时 Hartree-Fork 模拟[147]，以及太赫兹激光脉冲诱导的二氧化硫转动动力学研究等[143]。

在以往关于高温镁原子光缔合的量子动力学研究中，因为分子间化学键的形成主要由振动运动决定，所以随机相位波包仅与振动自由度有关，转动运动采取近似处理[45]。因此，随机相位波包的含时演化基于求解一维径向含时薛定谔方程。然而，已知分子转动可以影响分子与激光场之间的相互作用过程，如光电离[209]、光解离[151]、光缔合[141] 和布居转移[210] 等。受上述工作的启发，本章分析包含振动和转动自由度的高温镁原子光缔合过程，也就是在线偏振激光脉冲场中求解全维含时薛定谔方程。为此发展了一种方法，命名为方法 A，该方法将随机相位波包建立在能量本征函数的基础上，并在振动和转动自由度做随机相位展开。对一系列随机相位波包含时演化的结果求平均，可以得到热平均期望值。该方法使用包含振动和转动自由度的随机相位波包来模拟能量本征态的热系综，不仅可以用于研究分子振动态相干控制，而且可以用于研究转动态相干控制。

另外，本章用三种方法计算了不同温度下 $(1)^1\Pi_g$ 电子激发态上的最终布居。方法 A：基于能量本征函数构造随机相位波包，在振动自由度和转动自由度做随机相位展开。方法 B：随机相位波包是用能量本征函数构造的，然而仅在振动自由度做随机相位展开。方法 C：不再使用随机相位波包，而是将涉及的能量本征函数分别作为初始波函数参与含时演化，计算相关力学量期望值，然后对期望值按照能量本征函数的玻尔兹曼权重加权平均得到热平均期望值。通过比较三种方法在不同温度下的计算结果，发现随着温度的升高，方法 A 的计算效率越来越高。

4.1 镁原子光缔合理论

4.1.1 五态模型

本章模拟了基电子态 $X^1\Sigma_g^+$ 上两个碰撞镁原子在飞秒激光脉冲作用下形成激发态镁分子的光缔合过程[45]，如图 4.1 所示，基电子态存在范德瓦尔斯浅势阱。

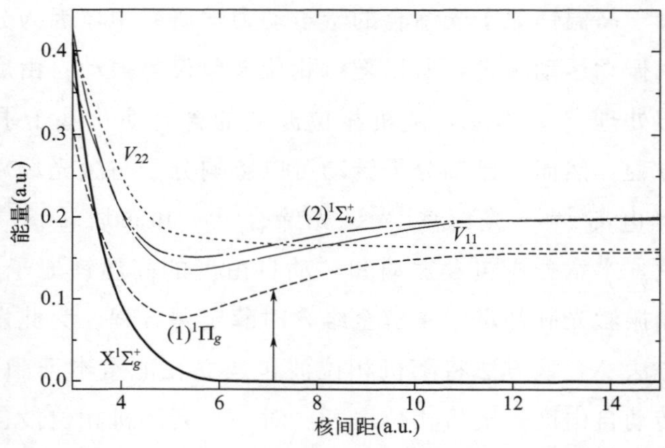

图 4.1　相关势能曲线和镁原子光缔合过程示意图

玻恩-奥本海默近似下，两个镁原子和外加电场（一个线偏振的飞秒激光脉冲）的相互作用可以用包含分子振动和转动自由度的五态全维含时薛定谔方程描述。

$$\mathrm{i}\frac{\partial}{\partial t}\begin{bmatrix}\psi_1(t,\theta,R)\\ \psi_2(t,\theta,R)\\ \psi_3(t,\theta,R)\\ \psi_4(t,\theta,R)\\ \psi_5(t,\theta,R)\end{bmatrix}=\hat{H}\begin{bmatrix}\psi_1(t,\theta,R)\\ \psi_2(t,\theta,R)\\ \psi_3(t,\theta,R)\\ \psi_4(t,\theta,R)\\ \psi_5(t,\theta,R)\end{bmatrix} \tag{4.1}$$

式中，$\psi_\gamma(t,\theta,R)(\gamma=1,2,3,4,5)$表示每个电子态对应的核波函数，简单起见，使用下标 1，2，3，4，5 分别表示电子态 $X^1\Sigma_g^+,(1)^1\Pi_g,V_{11},V_{22},(2)^1\Sigma_u^+$。$\theta$ 是分子轴与激光场偏振方向之间的夹角，R 是核间距。其中的哈密顿算符表示为[45]

$$\hat{H}=\begin{bmatrix}\hat{H}_1+\omega_1^S & W_{12} & 0 & 0 & 0\\ W_{12} & \hat{H}_2+\omega_2^S & W_{23} & W_{24} & W_{25}\\ 0 & W_{23} & \hat{H}_3+\omega_3^S & V_{34} & 0\\ 0 & W_{24} & V_{34} & \hat{H}_4+\omega_4^S & 0\\ 0 & W_{25} & 0 & 0 & \hat{H}_5\end{bmatrix} \tag{4.2}$$

$\hat{H}_\gamma$ 是给定电子态的核振转哈密顿算符。

$$\hat{H}_\gamma=\hat{T}_R+\frac{\hat{J}^2}{2\mu R^2}+\hat{V}_\gamma(R) \tag{4.3}$$

其中，μ 是碰撞原子对的折合质量；$\hat{T}_R$ 是振动动能算符；$\hat{J}$ 是角动量算符。$\hat{V}_\gamma(R)$ 是电子态 γ 对应的势能函数，相关的分子数据来源于文献［45］。相关的分子势能曲线和光缔合过程见图 4.1。值得注意的是，磁量子数 m 在线偏振电场的作用下是守恒的，对其求和可得一个简并因子 $(2j+1)/(4\pi)$[141,182]。

在双光子旋转波近似条件下，基态和第一激发态之间的双光子耦合由 $W_{12}(t,\theta,R)$ 表示[63,211]。

$$W_{12}(t,\theta,R)=\frac{1}{4}E_0^2 f^2(t)\sum_{i,j}\epsilon_i\,\epsilon_j M_{ij}^{2\leftarrow 1}(R)\cos^2\theta \tag{4.4}$$

其中，$M_{ij}^{2\leftarrow1}(R)$ 是基态与第一激发态之间双光子电跃迁偶极矩的张量元。动力学斯塔克移动表示为

$$\omega_{\gamma}^{S}(t,\theta,R)=-\frac{1}{4}E_0^2 f^2(t)\sum_{i,j}\epsilon_i\epsilon_j\alpha_{ij}^{\gamma}(R)\cos^2\theta \tag{4.5}$$

其中，$\alpha_{ij}^{\gamma}(R)$ 是动力学极化率的张量元。第一激发态与更高的三个激发态之间相互作用 $W_{23}(t,\theta,R)$，$W_{24}(t,\theta,R)$ 和 $W_{25}(t,\theta,R)$，在偶极近似下为

$$W_{\gamma\gamma'}(t,\theta,R)=d_{\gamma\gamma'}(R)E(t)\cos\theta \tag{4.6}$$

其中，$d_{\gamma\gamma'}(R)$ 表示第一激发态与更高的三个激发态之间的跃迁偶极矩。$E(t)$ 是含时电场，表示为

$$E(t)=E_0 f(t)\cos[\omega_0(t-t_0)] \tag{4.7}$$

式中，

$$f(t)=\exp[-4\ln2(t-t_0)^2/\tau^2] \tag{4.8}$$

其中，对应于峰值振幅 E_0 的电场强度是 $5\times10^{12}\,\mathrm{W/cm^2}$，激光脉冲中心频率 ω_0 对应于 $11907\mathrm{cm}^{-1}$ 的光子能量。t_0 是峰值振幅处对应的时间，τ 表示激光脉冲的半高全宽，本章固定 $\tau=100\mathrm{fs}$。对式(4.2)～式(4.6) 中有关物理量的描述和计算，详见参考文献 [45]。

基电子态哈密顿算符的振转本征函数 $|n,j\rangle$ 可以直接由球谐函数 Y_{jm} 和 $\phi_{n,j}(R)$ 的乘积得到。Y_{jm} 是角动量算符 $\hat{J}^2$ 的本征函数，j 表示转动量子数。$\phi_{n,j}(R)$ 是依赖 j 的径向振动本征函数，可以使用傅里叶网格哈密顿方法数值求解下列的薛定谔方程得到。

$$\left[-\frac{1}{2\mu}\frac{\partial^2}{\partial R^2}+\frac{j(j+1)}{2\mu R^2}+V_1(R)\right]\phi_{n,j}(R)=E_{n,j}\phi_{n,j}(R) \tag{4.9}$$

其中，$E_{n,j}$ 是 $|n,j\rangle$ 对应的能量本征值；n 表示振动量子数，可以表示基电子态上的束缚态，也可以表示箱归一化的离散连续态。

基于以上振转波函数 $|n,j\rangle$，构造随机相位波包的方法将在下一部分讨论。式(4.1) 的含时演化采用分裂算符方法完成。

4.1.2 计算 $(1)^1\Pi_g$ 电子态上布居的方法

在计算中，分别用三种方法来描述初始态的热平均，这些方法的区别主

要在于初始波包的构造。根据式(4.1)，其他四个电子激发态的初始波函数设为0，只有基电子态上有初始布居。本章只关注 $(1)^1\Pi_g$ 电子态上最后时刻的布居，值得注意的是，光缔合概率不仅是 $(1)^1\Pi_g$ 电子态上的布居，应该是四个电子激发态上的布居总和。与其他电子激发态上的缔合分子相比，$(1)^1\Pi_g$ 电子态上的缔合分子是相对稳定的，分子很容易从更高的三个激发态跃迁回基态，这也是重点关注双光子跃迁到 $(1)^1\Pi_g$ 电子态的原因。

方法A：发展了文献[45]中的方法，使其能应用于完全耦合的振转动力学。随机相位波包在振动（n）和转动自由度（j）做随机相位 $\Theta_{n,j}^k$ 展开：

$$|\psi_1^k\rangle = \sum_{n,j} \mathrm{e}^{\mathrm{i}\Theta_{n,j}^k} |n,j\rangle \tag{4.10}$$

式中，k 表示一组随机相位 $\Theta_{n,j}^k$，对于大量的随机相位组数 N，

$$\frac{1}{N}\sum_{k=1}^{N} \mathrm{e}^{\mathrm{i}(\Theta_{n,j}^k - \Theta_{n',j'}^k)} = \delta_{nn'}\delta_{jj'} \tag{4.11}$$

初始时刻的密度算符表示为[145]

$$\begin{aligned}
\hat{\rho}_T(t=0) &= \frac{1}{Z}\mathrm{e}^{-\frac{\beta}{2}\hat{H}_1}\mathrm{e}^{-\frac{\beta}{2}\hat{H}_1}\frac{1}{N}\sum_{k=1}^{N}\sum_{n,n',j,j'}\sqrt{2j+1}\sqrt{2j'+1}\times\mathrm{e}^{\mathrm{i}(\Theta_{n,j}^k-\Theta_{n',j'}^k)}|n,j\rangle\langle n',j'| \\
&= \frac{1}{N}\sum_{k=1}^{N}\frac{1}{Z}\sum_{n,j}\sqrt{2j+1}\,\mathrm{e}^{\mathrm{i}\Theta_{n,j}^k}\mathrm{e}^{-\frac{\beta}{2}E_{n,j}}|n,j\rangle \\
&\quad \times\sum_{n',j'}\langle n',j'|\mathrm{e}^{-\frac{\beta}{2}E_{n',j'}}\mathrm{e}^{-\mathrm{i}\Theta_{n',j'}^k}\sqrt{2j'+1} \\
&= \frac{1}{N}\sum_{k=1}^{N}\frac{1}{Z}|\psi_1^k\rangle_{T\,T}\langle\psi_1^k|
\end{aligned} \tag{4.12}$$

其中，

$$|\psi_1^k\rangle_T = \sum_{n,j}\sqrt{2j+1}\,\mathrm{e}^{\mathrm{i}\Theta_{n,j}^k}\mathrm{e}^{-\frac{\beta}{2}E_{n,j}}|n,j\rangle \tag{4.13}$$

式中，$\beta=1/(k_BT)$（k_B 表示玻尔兹曼常数）。归一化的随机相位波包为

$$|\tilde{\psi}_1^k\rangle_T = \frac{1}{\sqrt{Z}}|\psi_1^k\rangle_T \tag{4.14}$$

式中，$Z=\sum_{n,j}(2j+1)\mathrm{e}^{-\beta E_{n,j}}$。接下来用 N 个不同的随机相位波包作为初始态参与含时演化，从初始时刻演化到激光场作用结束时刻 t_f，求解式(4.1)即可计算出 $(1)^1\Pi_g$ 电子态上的布居 $P(t_f)$，然后平均 N 个随机相位波包得

到的结果。因此，布居的热平均期望值为

$$P_{\mathrm{A}}(t_f)=\frac{1}{N}\sum_{k=1}^{N}|{}_T\langle\widetilde{\psi}_2^k(t_f)|\widetilde{\psi}_2^k(t_f)\rangle_T| \tag{4.15}$$

其中，$|\widetilde{\psi}_2^k(t_f)\rangle_T$ 是在 t_f 时刻 $(1)^1\Pi_g$ 电子态上的波函数。式(4.13) 和式(4.14) 是用方法 A 构造随机相位波包的核心公式。

方法 B：该方法与方法 A 类似，不同之处在于随机相位波包仅与振动自由度 (n) 有关，而转动量子数 j 作为参数。归一化的随机相位波包表示为：

$$|\widetilde{\psi}_{1j}^k\rangle_T=\frac{1}{\sqrt{Z_j}}|\psi_{1j}^k\rangle_T \tag{4.16}$$

其中，

$$|\psi_{1j}^k\rangle_T=\sum_n \mathrm{e}^{\mathrm{i}\Theta_n^k}\mathrm{e}^{-\frac{\beta}{2}E_{n,j}}|n,j\rangle \tag{4.17}$$

式中，$Z_j=\sum_n \mathrm{e}^{-\beta E_{n,j}}$。式(4.16)和式(4.17)是用方法 B 构造随机相位波包的核心公式。值得注意的是，在方法 B 中，五个电子态对应的波函数都依赖于 j，$(1)^1\Pi_g$ 电子态上布居的热平均期望值必须对 k 和 j 求平均。

$$P_{\mathrm{B}}(t_f)=\frac{1}{N}\sum_{k=1}^{N}\sum_{j=0}^{j_{\max}}\frac{(2j+1)Z_j}{Z}|{}_T\langle\widetilde{\psi}_{2j}^k(t_f)|\widetilde{\psi}_{2j}^k(t_f)\rangle_T| \tag{4.18}$$

特别地，方法 B 与参考文献［45］中介绍的随机相位波包构造方法相同，只是文献［45］中使用了振动本征函数作为基函数，转动运动采取近似处理，这里使用振转本征函数$|n,j\rangle$作为基函数。

方法 C：在方法 C 中，不再使用随机相位波包，而是将初始态设为每个振转本征态，即$|\psi_1(\theta,R,t=0)\rangle=|n,j\rangle$。对于每个振转态$|n,j\rangle$，$(1)^1\Pi_g$ 电子态上相应的布居由 P_{nj} 表示：

$$P_{nj}=|\langle\psi_{2nj}(t_f)|\psi_{2nj}(t_f)\rangle| \tag{4.19}$$

$|\psi_{2nj}(t_f)\rangle$表示 t_f 时刻$(1)^1\Pi_g$ 电子态上的波函数。$(1)^1\Pi_g$ 电子态上的最终热平均布居为[43,142,154]

$$P_{\mathrm{C}}(t_f)=\sum_{n,j}W_{nj}P_{nj} \tag{4.20}$$

其中，$W_{nj}=\frac{1}{Z}(2j+1)\mathrm{e}^{-\beta E_{n,j}}$。预计上述三种方法可以得到相同的光缔合概率，即 $P_{\mathrm{A}}=P_{\mathrm{B}}=P_{\mathrm{C}}$。

4.2 热平均效应下的镁原子光缔合

不同温度条件下，分别使用三种方法计算了 $(1)^1\Pi_g$ 电子态上的光缔合布居。计算结果的收敛和计算时间主要由几个参数决定，如式(4.15)、式(4.18)、式(4.20) 中的 N、$j_{\max}$ 和 $n_{\max}$。对于方法 A，数值计算量主要来源于含时演化 N 个随机相位波包。因为方法 B 要求演化 $N\times j_{\max}$ 个随机相位波包，这些波包的随机相位仅与振动自由度有关，所以方法 B 的计算量大于方法 A 的。方法 C 不依赖于参数 N，每一个能量本征函数需要参与含时演化。因此，方法 C 总共需要演化 $n_{\max}\times j_{\max}$ 个波函数。在本章的数值计算中，随机相位的组数 N 取 200 足以保证数值结果收敛。

由于基电子态 $X^1\Sigma_g^+$ 存在范德瓦尔斯浅势阱，所以在该体系光缔合过程中，本征函数 $|n,j\rangle$ 参与的热系综可能不仅包含离散连续态，还可能包含束缚态[45]。因此，本章进行了下面两组计算，一组是初始态组分只包含连续态，对应的能量本征值高于 $X^1\Sigma_g^+$ 电子态解离阈值[43]，另一组是初始态组分包含束缚态和连续态。通过比较两组计算结果，进而推断出束缚态对 $(1)^1\Pi_g$ 电子态上布居的贡献。

4.2.1 初始态组分只包含连续态

首先分析初始态只包含基电子态 $X^1\Sigma_g^+$ 上连续态的结果收敛性和计算时间。分别得到了 1K、10K、100K 和 1000K 温度下不同连续态的玻尔兹曼权重因子 $W_{nj}=\dfrac{1}{Z}(2j+1)\mathrm{e}^{-\beta E_{n,j}}$，如图 4.2 所示。从基态势能曲线的底部开始计数，用 $n=1,2,\cdots$ 来表示振动量子数，由于没有考虑基电子态上的束缚态，所以图 4.2 中有空白区域。从图 4.2 中可以初步确定不同温度下的 $n_{\max}$ 和 $j_{\max}$。因为 W_{nj} 依赖于转动简并度 $2j+1$ 和离散连续态对应的能量本征值 $E_{n,j}$，所以 W_{nj} 随参数 n 和 j 的变化并不平滑。以图 4.2(a) 中的分布为例，能量本征值 $E_{n=11,j=35}=1.56\times10^{-5}$ a.u. 与 $E_{n=4,j=59}=1.95\times10^{-5}$ a.u. 相似，

甚至更小，然而对应的 $W_{n=11,j=35}$ 比 $W_{n=4,j=59}$ 小很多，这是由后者较大的转动简并度引起的。而且，能量本征值随 n 和 j 的变化是显著的，特别是当 j 较大时，会导致 W_{nj} 分布发生变化。举例来说，$E_{n=5,j=56}=2.81\times10^{-5}$a.u. 比 $E_{n=4,j=59}$ 大将近 44%，但由于相似的转动简并度，$W_{n=5,j=56}$ 比 $W_{n=4,j=59}$ 小。一般来说，随着温度的增加，热活跃的初始态 $|n,j\rangle$ 相空间也会显著增加，数值计算中 $n_{\max}$ 和 $j_{\max}$ 需要取较大值才能使计算结果收敛。除此之外，随着温度的增加，发现 $j_{\max}$ 比 $n_{\max}$ 增长更快。

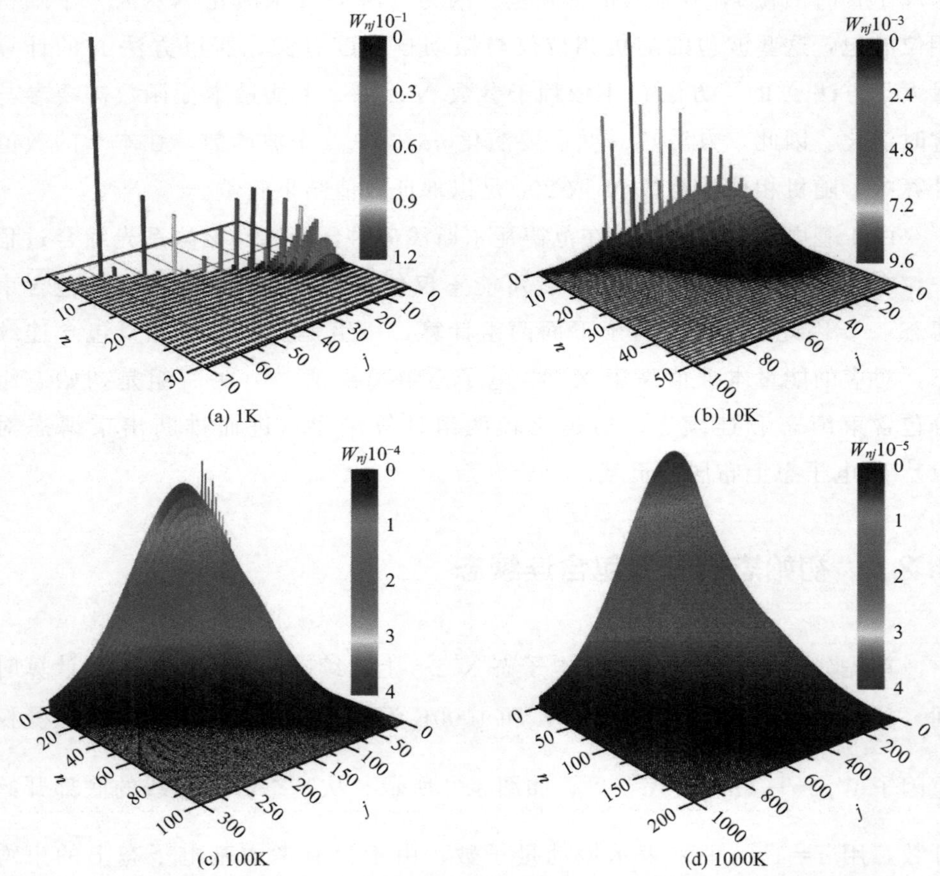

图 4.2 在 1K，10K，100K，1000K 温度下，各个初始态的玻尔兹曼权重因子（初始态组分只包含连续态）

光缔合过程不仅和初始态的玻尔兹曼权重因子 W_{nj} 有关，而且和初始态与目标态之间的耦合强度有关。例如，在最高温度 1000K，考虑 $j_{\max}=800$，使用方法 A 计算得到 $P_A(t_f)$ 是 1.12×10^{-7}，增大 j_{max} 到 1000，得到 $P_A(t_f)=1.13\times10^{-7}$，有～1%的相对较小的数值误差。但是激光脉冲作用结束后，最终在 $(1)^1\Pi_g$ 电子态上的热平均振转布居主要分布在 $0\leqslant j\leqslant200$ 区域，如图 4.3 所示。因此，尽管具有较大 j 值的转动态在初始时刻有热分布，但它们对跃迁过程和光缔合概率影响不大。因而可以进一步减小 j_{max} 来提高计算效率，设置 $j_{max}=250$，并保持权重因子与图 4.2(d) 中较大的 $0\leqslant j\leqslant1000$ 相空间的权重因子相同。使用方法 A 计算得到 $P_A(t_f)$ 是 1.19×10^{-7}，与 $j_{max}=1000$ 得到的值相比，有一个可接受的数值误差(～5%)，并且计算效率显著提高。$j_{max}=250$ 时，一个随机相位波包的 CPU 计算时间（～10h）远小于 $j_{max}=800$ 时的一个随机相位波包的 CPU 计算时间（～260h）。因此，用同样的方法，确定温度为 1K，10K，100K 和 1000K 时，j_{max} 分别为 70，100，250 和 250。

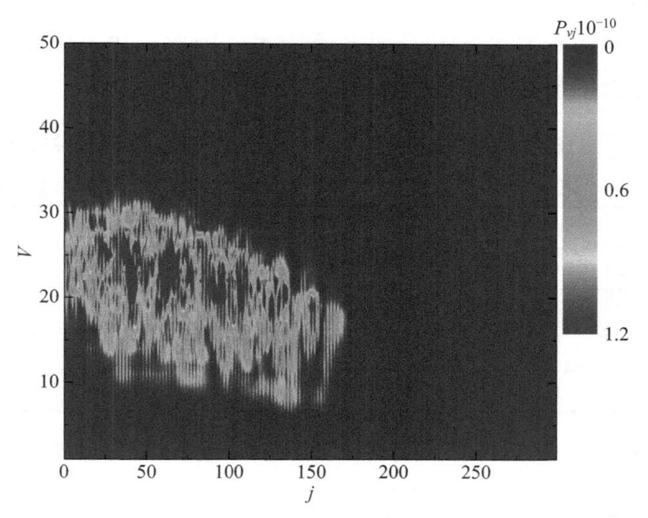

图 4.3　1000K 时，激光脉冲作用结束后的 t_f 时刻，$(1)^1\Pi_g$ 电子态上的热平均振转布居

分别用三种方法计算温度为 1K 时的布居，如表 4.1 所示。三种方法得到的布居值之间的数值差异很小（～4%），这可能主要由数值演化误差的累积和统计误差引起的。因此，在数值误差允许范围内，可以认为三种方法得到的布居是相同的，但三种方法的数值计算效率明显不同，且非常依赖温度。在表 4.2 中，比较了三种方法在不同温度下的 CPU（Intel Xeon

2.60GHz）计算时间。以1K时CPU计算时间为例，对于方法A，一个随机相位波包的CPU计算时间包括随机相位波包的构造和波包的含时演化，需要大约59min，总共构造了$N_{max}=200$个随机相位波包。因此，方法A总的CPU计算时间约为（200×59）min。对于方法B，一个随机相位波包的CPU计算时间约为33min，所需时间比方法A少。这是因为对于方法A，需要在振动（n）和转动（j）自由度做随机相位$\Theta_{n,j}^{k}$展开，构造随机相位波包的过程相对耗时。而在方法B中，由于随机相位仅与振动自由度有关，所以共有$N_{max}\times j_{max}$个波包需要分别参与含时演化。因此，当温度为1K时，方法B总的CPU时间大约是（200×70×33）min。至于方法C，每个能量本征函数$|n,j\rangle$都必须独立含时演化，相应的CPU计算时间与方法B中随机相位波包的演化时间相似。因此，温度为1K时，方法C总的CPU时间约为（30×70×31）min。显然，三种方法的CPU计算时间是相近的，因为在相对较低的温度下，热活跃的初始态$|n,j\rangle$相空间是非常有限的。但如上所述，相空间随着温度的升高而显著增大，因此，更高温度下会出现三种方法在计算效率上的差异。

表4.1　$(1)^1\Pi_g$电子态上最终布居$P(t_f)$（考虑计算效率，仅用三种方法计算了温度为1K时的$P(t_f)$，其余三个温度10K，100K和1000K时，仅用方法A计算了$P(t_f)$）

温度	方法A	方法B	方法C	$\lvert P_A-P_C\rvert/P_C$
1K	1.21×10^{-6}	1.24×10^{-6}	1.19×10^{-6}	~1.7%
10K	4.34×10^{-7}	—	—	—
100K	1.63×10^{-7}	—	—	—
1000K	1.19×10^{-7}	—	—	—

表4.2　三种方法在不同温度下的相关数值参数和总CPU时间（初始态组分只包括连续态）

温度	方法A(N_{max}×min)	方法B($N_{max}\times j_{max}$×min)	方法C($n_{max}\times j_{max}$×min)
1K	200×59	200×70×33	30×70×31
10K	200×77	200×100×37	50×100×36
100K	200×550	200×250×349	100×250×345
1000K	200×600	200×250×355	200×250×345

在其他三个温度$T=10$K、100K和1000K下，进一步使用方法A计算$(1)^1\Pi_g$电子态上的布居，数据被列在表4.1中。使用更大的热活跃初始态

相空间、更密集的空间和时间网格点，验证了这三个结果是收敛的。给定一个温度，使用方法A中相同的参数（n_{max}，j_{max}），可以估算出方法B和方法C所需的CPU时间。三种方法在不同温度条件下对应的CPU时间展示在表4.2中。随着温度的升高，方法A在计算效率上的优势更加明显，从图4.4中可以直观地看出。例如，在温度100K时，方法B和方法C的CPU时间是方法A的10^5倍以上。因此，为了计算效率，只使用三种方法计算了1K时的$P(t_f)$，使用方法A计算了其他三个温度时的$P(t_f)$。随着温度的升高，$(1)^1\Pi_g$电子态上的布居减小。

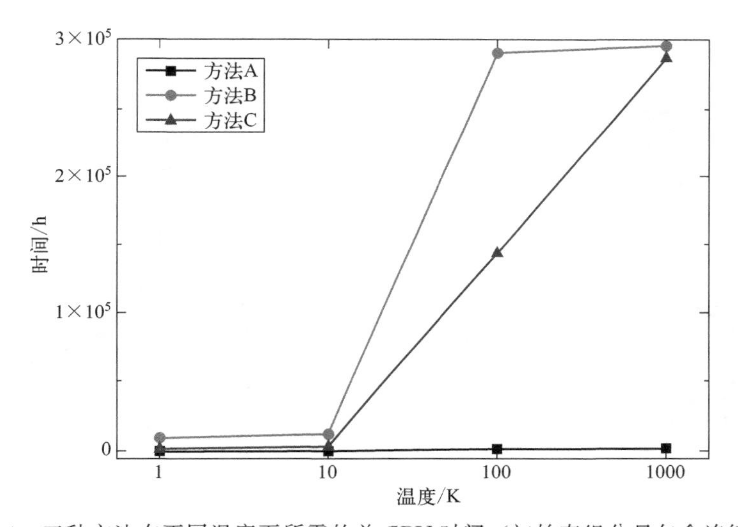

图4.4　三种方法在不同温度下所需的总CPU时间（初始态组分只包含连续态）

值得注意的是，为了方便比较三种方法在不同温度下的一致性以及计算效率，设置$R_{max}=40$a.u.，使用了1024个网格点，这在1000K的高温下足以保证计算结果收敛。关注该温度是因为镁原子体系的光缔合过程在实验上已经被报道[61,70]。尽管不能在其他三个较低温度下得到精确的布居绝对值，但便于数值比较这三种方法。经核实，温度为1K时，数值结果收敛要求$R_{max}=200$a.u.。相应地，初始态的数值将增加到$n_{max}\times j_{max}=80\times 200$，方法B和C的计算量会变得很大。因此，为了证明三种方法可以计算得到相同的光缔合布居，并探究这三种方法的数值计算效率随温度的变化情况，在三个较低温度下保持R_{max}与1000K高温下设的R_{max}一样。

4.2.2 初始态组分包含束缚态和连续态

采用上述方法，进一步计算 $(1)^1\Pi_g$ 电子态上的布居，初始态组分既包括基电子态上的离散连续态，也包括束缚态。图 4.5 显示了四个温度下各个初始态（包括束缚态和连续态）的玻尔兹曼权重因子 W_{nj}。当温度为 1K，10K 和 100K 时，权重因子 W_{nj} 主要分布在束缚态区域，表明在这三个温度下，束缚态对光缔合过程的贡献是显著的。虽然范德瓦尔斯势阱很浅，但束缚能级之间的能量间隙明显大于离散连续态之间的能量间隙。

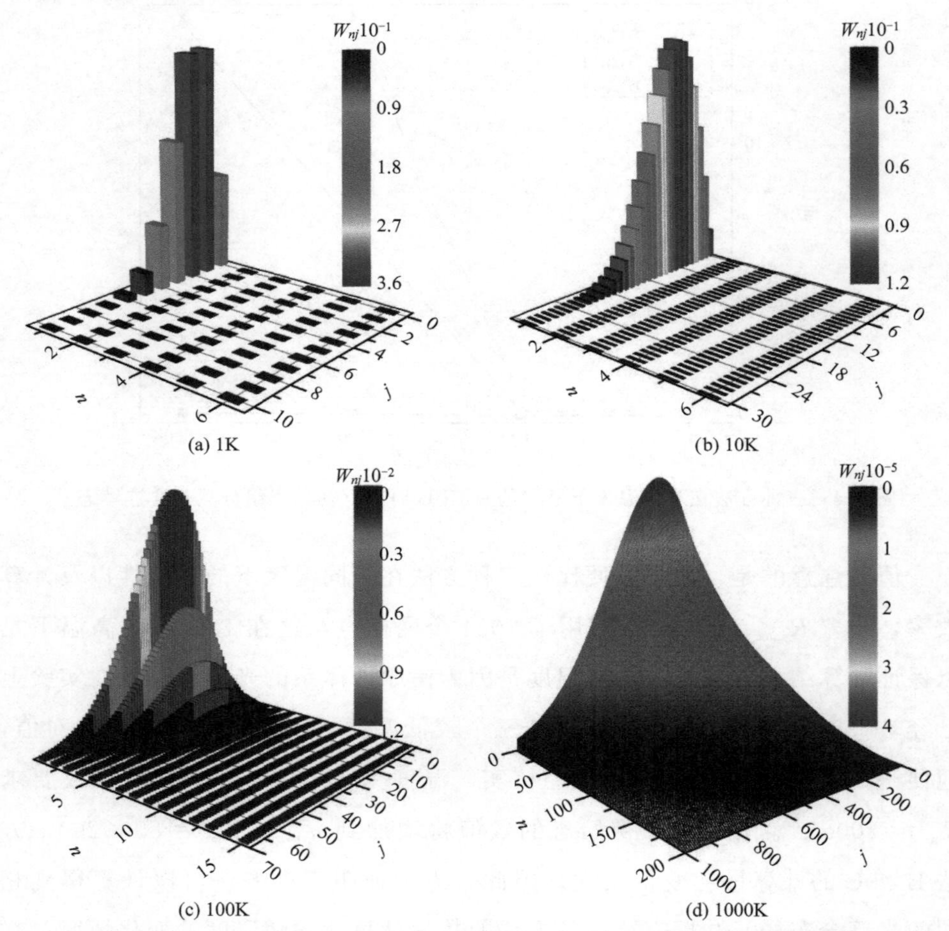

图 4.5 在 1K，10K，100K，1000K 温度下，各个初始态的玻尔兹曼权重因子（初始态组分包含束缚态和连续态）

在这种情况下，与仅包括连续态的相空间相比，热活跃初始态$|n,j\rangle$数量减少了。如表4.3所示，当温度为1K时，$|n,j\rangle$的相空间大小为$n_{max}=5$和$j_{max}=10$，比表4.2中对应的$n_{max}=30$和$j_{max}=70$小很多。因此，方法B和方法C在三个较低温度下的CPU时间是可以接受的。三种方法计算得到三个较低温度下$(1)^1\Pi_g$电子态上的布居展示在表4.4中。如表中数据所示，同一个温度对应的三个数值计算结果非常接近。最后一列以方法C的结果为基准，列出方法A与方法C计算结果的差异，最大的差异小于～5%，并且随着温度的升高，这种差异在减小。这是因为随机相位波包方法的精度随着热活跃初始态相空间的增大而显著提高，除此之外，随着电场强度的增大，随机相位波包方法收敛会更快[143]。

表4.3　三种方法在不同温度下的相关数值参数和总CPU时间

（初始态组分包含束缚态和连续态）

温度	方法A($N_{max}\times$min)	方法B($N_{max}\times j_{max}\times$min)	方法C($n_{max}\times j_{max}\times$min)
1K	200×4.5	200×10×2.5	5×10×2.3
10K	200×15.1	200×30×10	10×30×9.1
100K	200×44.3	200×70×28.6	20×70×28.3
1000K	200×670	200×250×360	200×250×345

表4.4　不同温度下，$(1)^1\Pi_g$电子态上最终布居$P(t_f)$

（初始态组分包含束缚态和连续态）

温度	方法A	方法B	方法C	$\lvert P_A-P_C\rvert/P_C$
1K	1.77×10^{-5}	1.74×10^{-5}	1.70×10^{-5}	～4.1%
10K	1.57×10^{-5}	1.62×10^{-5}	1.61×10^{-5}	～2.5%
100K	1.09×10^{-5}	1.14×10^{-5}	1.11×10^{-5}	～1.8%
1000K	1.49×10^{-7}	—	—	—

然而，当温度达到$T=1000$K时，情况就大不相同了。如图4.5(d)所示，热活跃初始态的相空间仍然很大。即使考虑了束缚态，连续态在如此高的温度下仍然起重要作用。如表4.3中最后一行数据所示，j_{max}至少设为250，方法B和方法C的总CPU时间大大增加，因此，只用方法A进行了计算。图4.6展示的是三种方法对应的总CPU时间，初始态组分既包含了束缚态，又包含了连续态。

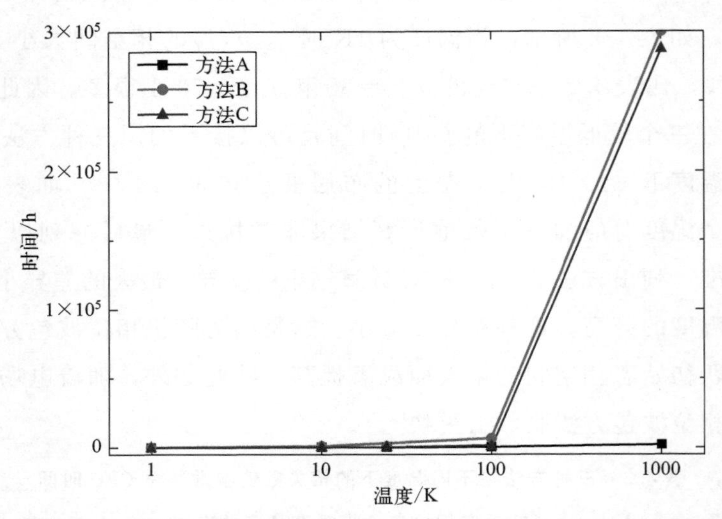

图 4.6　三种方法在不同温度下所需的总 CPU 时间（初始态组分包含束缚态和连续态）

此外，根据方法 A 计算结果的可靠性，可以确定束缚态对 $(1)^1\Pi_g$ 电子态上最终布居的贡献。通过比较表 4.3 和表 4.1 中第二列数据发现，对于三个较低的温度，束缚态的贡献很大，以至于连续态的影响甚至可以忽略。但当 $T=1000\text{K}$ 时，束缚态的贡献迅速下降到约 20%，与文献［45］中报道的值一致。因此，在高温（$T=1000\text{K}$）条件下，方法 A 仍然具有更高的计算效率。

4.2.3　光缔合过程中的转动相干

$T=1000\text{K}$，初始态组分包含基电子态上束缚态和连续态的条件下，使用高效的方法 A 进一步探究了光缔合过程中的转动相干，即计算了各个电子激发态上的取向参数$\langle\cos^2\theta\rangle$，可以由下式得到：

$$\langle\cos^2\theta\rangle(t)=\frac{1}{N}\sum_{k=1}^{N}\frac{{}_T\langle\widetilde{\psi}_\gamma^k(t)|\cos^2\theta|\widetilde{\psi}_\gamma^k(t)\rangle_T}{{}_T\langle\widetilde{\psi}_\gamma^k(t)|\widetilde{\psi}_\gamma^k(t)\rangle_T}\tag{4.21}$$

其中，$\widetilde{\psi}_\gamma^k(t)(\gamma=2,3,4,5)$表示任意时刻四个电子激发态上的波函数。

对于四个电子激发态，取向参数$\langle\cos^2\theta\rangle$ 随时间变化的情况如图 4.7 所示。每一幅图中，实线表示激光场与分子相互作用过程中的取向参数，虚线表示电场作用结束后的取向参数。四个激发态对应的$\langle\cos^2\theta\rangle$随时间的变化是相似的，在激光场与分子相互作用期间，取向参数都能达到0.9附近，这与式(4.4)和式(4.6)表达的从基电子态到激发态平行激发过程是一致的。激光作用结束后，所有的激发态上都有布居，取向参数在0.5附近振荡，这

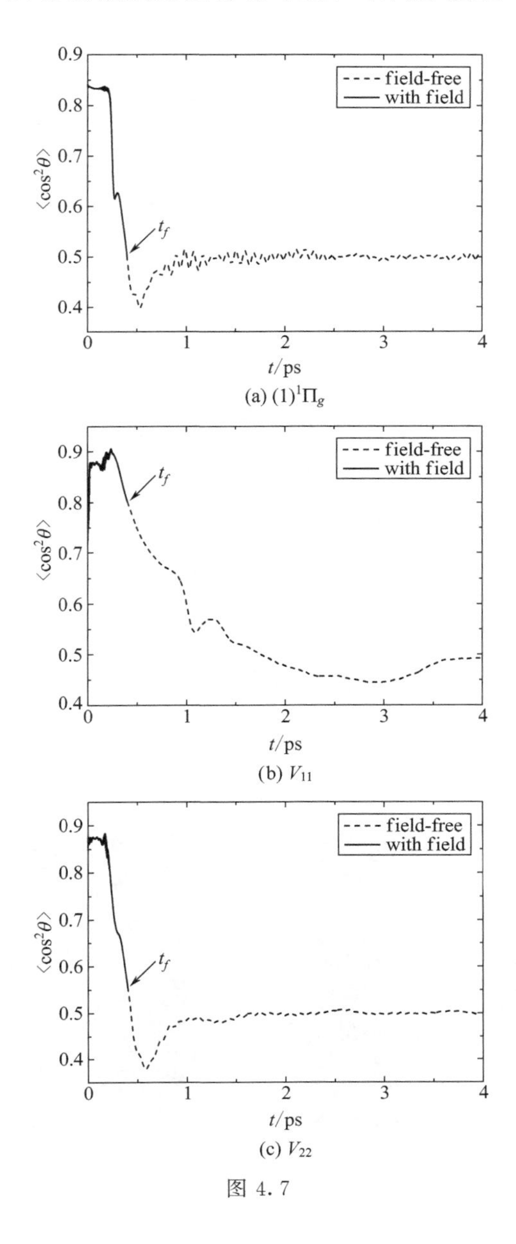

图 4.7

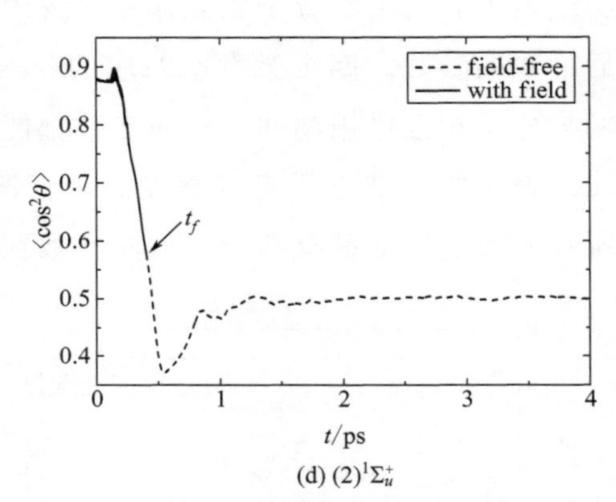

(d) $(2)^1\Sigma_u^+$

图 4.7　$T=1000$K 时，在激光脉冲作用和结束后，$(1)^1\Pi_g$、V_{11}、V_{22}、$(2)^1\Sigma_u^+$ 电子激发态对应的取向参数 $\langle\cos^2\theta\rangle$

比各向同性的分子取向参数（1/3）要大。因此，所有四个电子激发态上的分子存在场后取向，即通过光缔合过程产生了转动相干叠加态。

此外，还计算得到了激光脉冲作用结束后四个电子激发态在 t_f 时刻波函数的空间密度分布。从图 4.8 可以看出，波函数的径向部分都局限在有限的核间距内，表明已经在电子激发态的势阱中形成束缚分子。波函数 $|\psi_2(t_f)|^2$，$|\psi_4(t_f)|^2$ 和 $|\psi_5(t_f)|^2$ 大致分布在 $R<7.5$a.u. 的范围内，与弗兰克-康登窗口区域是一致的[71]；然而波函数 $|\psi_3(t_f)|^2$ 分布在 $R\sim8$a.u. 附近，是因为 V_{11} 和 V_{22} 电子态之间非绝热耦合在这个特别的核间距处是很强的。

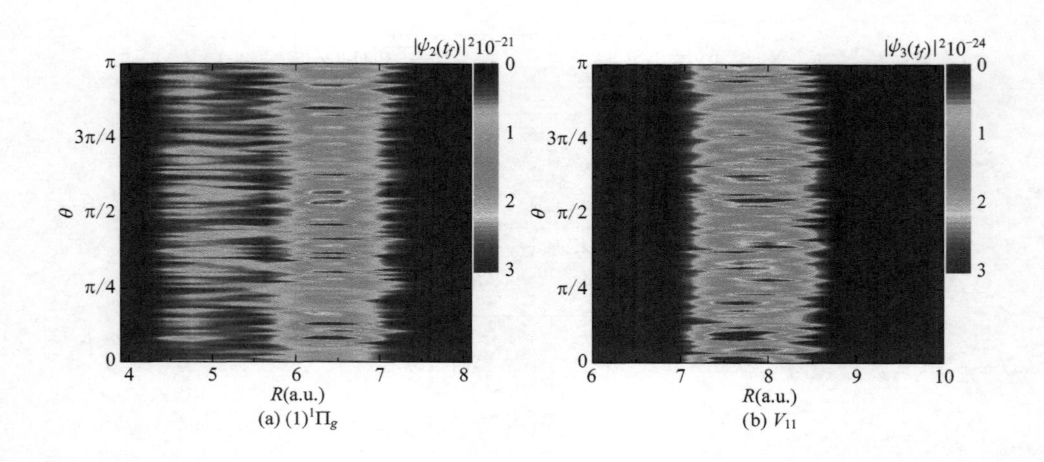

(a) $(1)^1\Pi_g$　　(b) V_{11}

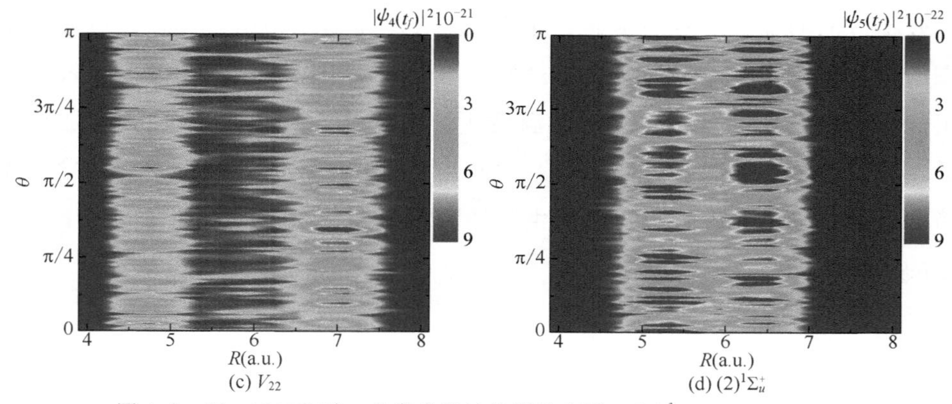

图 4.8　$T=1000$K 时，在激光脉冲作用结束后，$(1)^1\Pi_g$、V_{11}、V_{22}、$(2)^1\Sigma_u^+$ 电子激发态上 t_f 时刻的波函数空间密度分布

虽然四个波函数的角向部分似乎不在一个特定的角度，但光缔合形成的分子仍然是各向异性的。这是因为光缔合过程中激发了许多转动能级，特别是图 4.8(d) 中的高转动能级。因此，波函数的角向部分局域在某些取向角 θ，与图 4.7 中 $t=t_f$ 时刻的取向参数一致。波函数的空间密度分布进一步说明，高温镁原子光缔合过程中可以同时实现振动态相干控制和转动态相干控制。

4.3 本章小结

本章基于求解全维的含时薛定谔方程，分析了热镁原子光缔合过程。在四个不同的温度 $T=1$K，10K，100K 和 1000K 下，使用三种方法描述了能量本征态的热系综。方法 A 中使用全维随机相位波包，即随机相位与振动和转动两个自由度都有关。方法 B 同样是随机相位波包方法，不过随机相位仅与振动自由度有关。方法 C 不再使用随机相位波包方法，涉及的能量本征函数分别被当作初始态参与含时演化，计算相关力学量期望值，然后对期望值按照能量本征函数的玻尔兹曼权重加权平均得到热平均期望值。同一个温度下，三种方法理论上可以得到相同的光缔合概率值，与其他两种方法相比，方法 A 计算效率更高，特别是随着温度和初始态相空间的增加，计算效率方面的优势会更加明显。除此之外，本章做了两组计算，一组是初始态组分只包含连续态，另一组是初始态组分包含束缚态和连续态。比较这两组计算结果发现，在三个较低的温度下，束缚态对最终结果的贡献是很大的，导致连续态的影响可以忽略。然而当 $T=1000\mathrm{K}$ 时，连续态会主导该光缔合过程，并且光缔合过程中产生了转动相干叠加态，即分子在电子激发态上的场后取向。

第 5 章

镁原子光缔合中布居转移的多路径动力学机制

因为在分子光谱[212,213]、光解离[214]、光缔合[60]、量子光学[215]、高次谐波的产生[216,217]、碰撞动力学[218]、量子计算[219]、共振现象[220,221]、能量再分布[222-224]、化学过程的光学控制等方面应用广泛[225-227]，激光诱导分子布居转移被研究者大量研究。各种控制布居转移的方案被提出，其中包括使用超短激光脉冲控制原子或分子的布居转移[228-230]、快速或啁啾绝热通道[231-233]、受激拉曼绝热通道[234-237]、光诱导势绝热通道[238,239] 等。

光缔合作为激光诱导原子或分子布居转移的重要应用之一，已经在1000K 的高温下用于相干控制化学成键[71]。随着温度的升高，振动和转动态的数量增加，研究热分子在不同电子态之间的布居转移过程有一定的困难。在这种情况下，飞秒激光脉冲大的光谱带宽正好适用于系综初始态的热平均范围[45]。飞秒激光脉冲的峰值功率极高，不同电子态之间发生多光子跃迁的概率要比单光子跃迁大[70]。动力学斯塔克移动和不同量子路径的干涉也会促进多光子跃迁过程[240]。布居转移过程甚至可以通过使用啁啾和整形飞秒激光脉冲来控制与增强[37,61]。理论上，为了关注振动相干的产生，使用一维径向本征函数构造随机相位波包的方法，分子的转动运动采取近似处理[45]。最近，采用全维随机相位波包方法研究了镁原子体系在飞秒激光脉冲作用下的光缔合过程，尽管在 1000K 的温度下，初始态包含大量的振转态，该方法依然可以比较容易地计算出每个电子态上的布居[155]。

以往飞秒激光脉冲诱导热镁原子光缔合过程的研究大多关注最终的光缔合概率，而不是详细的布居转移动力学。以文献中典型的五电子态模型为例[45,155]，如图 5.1 所示，通过 840nm 飞秒激光脉冲将基电子态 $X^1\Sigma_g^+$ 与四个激发态耦合，可以实现光缔合过程。为方便表述，将基态 $X^1\Sigma_g^+$ 表示为$|1\rangle$，第一激发态 $(1)^1\Pi_g$ 表示为$|2\rangle$，使用$|i\rangle(i=3,4,5)$来表示三个更高激发态（V_{11}，V_{22}，$(2)^1\Sigma_u^+$），非绝热表象中的 V_{11} 和 V_{22} 对应于绝热表象中的 $(1)^1\Pi_u$ 和 $(2)^1\Pi_u$。这些电子态之间有各种各样的耦合，正如式(5.1)～式(5.3) 所示。因此，分别会有$|1\rangle$和$|2\rangle$之间的双光子耦合，$|1\rangle$和$|i\rangle$之间的三光子耦合，以及$|2\rangle$和$|i\rangle$之间的单光子耦合。

之前的研究中，忽略了式(5.2) 所示的三光子耦合，$|1\rangle$上的布居首先通过双光子耦合转移到$|2\rangle$，然后从$|2\rangle$单光子跃迁到其他三个激发态，图 5.2(a) 简要画出了这一布居转移路径。然而，如果考虑三光子耦合，光

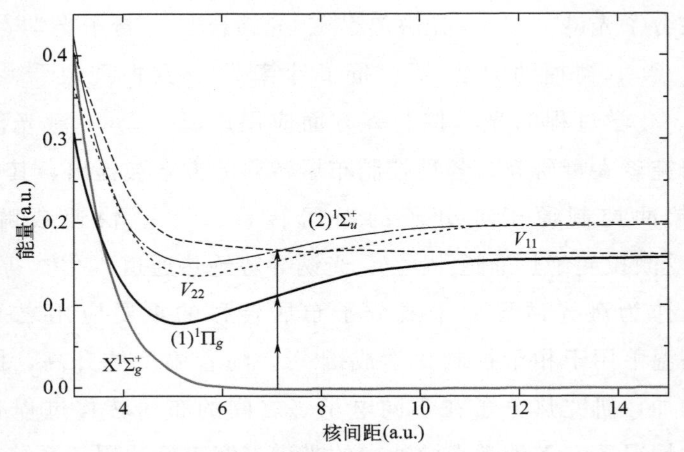

图 5.1　相关势能曲线和镁分子跃迁过程示意图

缔合过程会因为多个布居转移路径而变得复杂，其他可能的布居转移路径如图 5.2(b)～(d) 所示。由于三光子耦合，布居能直接从$|1\rangle$转移到$|i\rangle$，然后通过受激辐射一个光子能量转移到$|2\rangle$，如图 5.2(c) 所示。

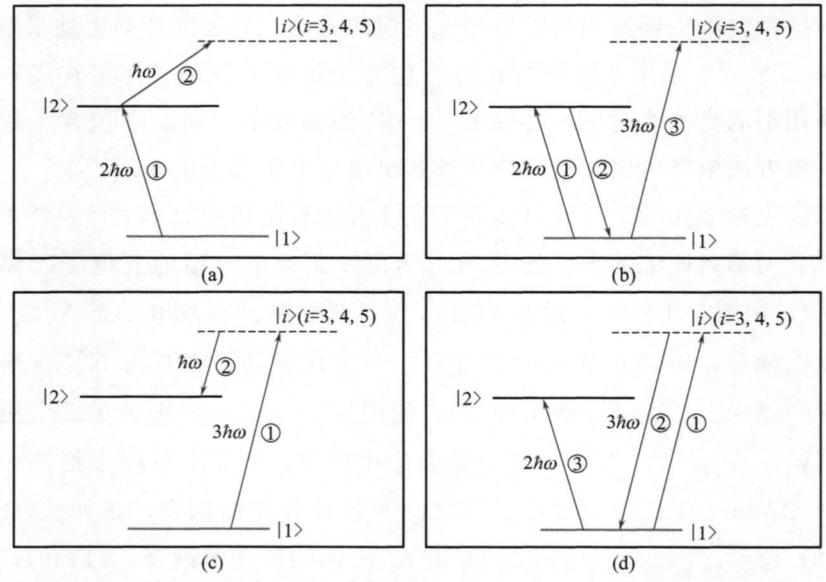

图 5.2　可能的布居转移路径，跃迁顺序用带圈的数字标注在右侧

如果把$|2\rangle$看作初始态，那么基电子态$|1\rangle$就可以看作是连接$|2\rangle$和$|i\rangle$的中间态。因此，一个“V”形的从$|2\rangle$到$|i\rangle$的拉曼跃迁路径就可以实现，如图 5.2(b) 所示。相似地，另一个“V”形的从$|i\rangle$到$|2\rangle$的拉曼跃迁路径也

可以构建，如图 5.2(d) 所示。实际上，相对于图 5.2(a) 和 (c) 所示的直接跃迁路径，这两个拉曼路径可以被当作高阶跃迁路径对待。

$$|1\rangle \xleftrightarrow{2\hbar\omega} |2\rangle \tag{5.1}$$

$$|1\rangle \xleftrightarrow{3\hbar\omega} |i\rangle \tag{5.2}$$

$$|2\rangle \xleftrightarrow{\hbar\omega} |i\rangle (i=3,4,5) \tag{5.3}$$

因此，本章将研究包含所有可能跃迁路径的布居转移动力学。通过数值求解包含振动和转动自由度的含时薛定谔方程，可以得到各电子态上布居随时间的变化。1000K 温度下，基电子态哈密顿算符的本征函数参与的热系综用随机相位波包方法来描述。为了明确不同跃迁路径的影响，人为地设置相应的某些耦合为 0。

5.1 镁原子体系五态模型理论

随机相位波包的构造和含时薛定谔方程的求解已经在第 4 章中详细描述过，因此，为了简单起见，本章列出主要涉及的方程和相关参数，具体的计算细节可以参考第 4 章的内容。

玻恩-奥本海默近似下，两个镁原子和外加激光场（一个线偏振的飞秒激光脉冲）的相互作用可以用包含分子振动和转动自由度的五态含时薛定谔方程描述。

$$\mathrm{i}\frac{\partial}{\partial t}\begin{bmatrix}\psi_1(t,\theta,R)\\ \psi_2(t,\theta,R)\\ \psi_3(t,\theta,R)\\ \psi_4(t,\theta,R)\\ \psi_5(t,\theta,R)\end{bmatrix}=\hat{\boldsymbol{H}}\begin{bmatrix}\psi_1(t,\theta,R)\\ \psi_2(t,\theta,R)\\ \psi_3(t,\theta,R)\\ \psi_4(t,\theta,R)\\ \psi_5(t,\theta,R)\end{bmatrix} \tag{5.4}$$

式中，$\psi_\gamma(t,\theta,R)(\gamma=1,2,3,4,5)$表示每个电子态对应的核波函数，方便起见，使用下标 1，2，3，4，5 来分别表示电子态 $X^1\Sigma_g^+$，$(1)^1\Pi_g$，V_{11}，V_{22}，$(2)^1\Sigma_u^+$。θ 是分子轴与激光场偏振方向之间的夹角，R 是核间距。

哈密顿算符可以表示为

$$\hat{\boldsymbol{H}}=\begin{bmatrix} \hat{H}_1+\omega_1^S & W_{12} & W_{13} & W_{14} & W_{15} \\ W_{12} & \hat{H}_2+\omega_2^S & W_{23} & W_{24} & W_{25} \\ W_{13} & W_{23} & \hat{H}_3+\omega_3^S & V_{34} & 0 \\ W_{14} & W_{24} & V_{34} & \hat{H}_4+\omega_4^S & 0 \\ W_{15} & W_{25} & 0 & 0 & \hat{H}_5 \end{bmatrix} \tag{5.5}$$

$\hat{H}_\gamma$ 是没有外加电场时第 γ 个电子态对应的核振转哈密顿，$\hat{H}_\gamma=\hat{T}_R+\frac{\hat{J}^2}{2\mu R^2}+\hat{V}_\gamma(R)$。$\mu$ 是碰撞原子对的折合质量，$\hat{T}_R$ 是振动动能算符，$\hat{J}$ 是角动量算符，$V_\gamma(R)$ 是势能函数。

线偏振的飞秒激光脉冲 $E(t)=E_0 f(t)\cos[\omega_0(t-t_0)]$，其高斯包络函数 $f(t)=\exp[-4\ln 2(t-t_0)^2/\tau^2]$，激光场峰值强度为 $5\times10^{12}\,\mathrm{W/cm^2}$，中心波长为 840nm，半高全宽 $\tau=100\mathrm{fs}$。在激光场的作用下，每个电子态都有动力学斯塔克移动 $\omega_\gamma^S=-\frac{1}{4}E_0^2 f^2(t)\sum_{i,j}\epsilon_i\epsilon_j\alpha_{ij}^\gamma(R)\cos^2\theta$，其中，$\alpha_{ij}^\gamma(R)$ 是动力学极化率的张量元。非对角元 $W_{\gamma\gamma'}$ 表示第 γ 和第 γ' 电子态之间的耦合。其中，$W_{12}=\frac{1}{4}E_0^2 f^2(t)\sum_{i,j}\epsilon_i\epsilon_j M_{ij}^{2\leftarrow1}(R)\cos^2\theta$ 是 $|1\rangle$ 与 $|2\rangle$ 之间的双光子耦合，$M_{ij}^{2\leftarrow1}(R)$ 是双光子电跃迁偶极矩的张量元[63,211]。其他的非对角项 $W_{\gamma\gamma'}=d_{\gamma\gamma'}(R)E(t)\cos\theta$ 表示奇偶宇称电子态之间的耦合，W_{13}，W_{14}，W_{15} 是三光子耦合，W_{23}，W_{24}，W_{25} 是单光子耦合。有关物理量的描述和计算，详见参考文献 [45]。

使用分裂算符演化方法数值求解含时薛定谔方程式(5.4)，波函数的径向部分展开在傅里叶格点上，角向部分展开成球谐函数的形式。归一化的随机相位波包表示为

$$|\tilde{\psi}_1^k\rangle_T=\frac{1}{\sqrt{Z}}\sum_{n,j}\sqrt{2j+1}\,\mathrm{e}^{\mathrm{i}\Theta_{n,j}^k}\,\mathrm{e}^{-\frac{E_{n,j}}{2k_BT}}|n,j\rangle \tag{5.6}$$

其中，$Z=\sum_{n,j}(2j+1)\mathrm{e}^{-\frac{E_{n,j}}{k_BT}}$ 是玻尔兹曼分布归一化因子。$|n,j\rangle$ 是基电子态哈密顿算符的振转本征函数，对应的能量本征值为 $E_{n,j}$，使用傅里叶网格哈密顿方法可以得到 $|n,j\rangle$ 和 $E_{n,j}$。因为基电子态存在范德瓦尔斯浅势阱，初

始态组分包含离散连续态以及浅势阱中的束缚态。在振动（n）和转动（j）自由度做随机相位 $\Theta_{n,j}^{k}$ 展开，指数 k 表示一组随机相位 $\{\Theta_{n,j}\}^{k}$。N 个随机相位波包被当作初始态参与动力学含时演化，每个电子激发态上的热平均光缔合概率为

$$P_{\gamma}(t)=\frac{1}{N}\sum_{k=1}^{N}\left|{}_{T}\langle\tilde{\psi}_{\gamma}^{k}(t)|\tilde{\psi}_{\gamma}^{k}(t)\rangle_{T}\right| \tag{5.7}$$

其中，$|\tilde{\psi}_{\gamma}^{k}(t)\rangle_{T}$，$\gamma=2,3,4,5$，表示在 t 时刻每个电子激发态上的波函数。

5.2 多路径动力学机制

如上所述，$|1\rangle$和$|2\rangle$之间存在双光子耦合，$|1\rangle$和$|i\rangle$之间存在三光子耦合，$|2\rangle$和$|i\rangle$之间存在单光子耦合，这些耦合可以产生如图 5.2 所示的不同跃迁路径。为了研究不同布居转移路径，人为地设置式(5.5) 中的非对角项 $W_{\gamma\gamma'}$等于 0 或者不为 0 来关闭或打开相应的跃迁路径，然后通过比较不同跃迁路径下得到的布居大小来确定相关路径的作用。

(i) 设置 $W_{12}\neq0$，其他非对角元 $W_{\gamma\gamma'}=0$，意味着布居只能通过双光子耦合从$|1\rangle$跃迁到$|2\rangle$，更高的$|i\rangle$将不会参与到布居转移过程中。如表 5.1 所示，电子态$|i\rangle$上明显没有布居，只有相对较小的布居能通过双光子耦合从$|1\rangle$跃迁到$|2\rangle$。

表 5.1　1000K 时，通过人为地选择跃迁过程，四个电子激发态上最终布居

情况	非对角项	$\|2\rangle$	$\|3\rangle$	$\|4\rangle$	$\|5\rangle$
(i)	$W_{12}\neq0$	1.13×10^{-14}	0	0	0
(ii)	$W_{12}W_{23}W_{24}W_{25}\neq0$	1.49×10^{-7}	1.37×10^{-7}	2.48×10^{-7}	1.17×10^{-7}
(iii)	$W_{13}W_{14}W_{15}\neq0$	0	3.07×10^{-4}	8.14×10^{-5}	1.40×10^{-5}
(iv)	$W_{12}W_{13}W_{14}W_{15}\neq0$	1.76×10^{-6}	3.07×10^{-4}	8.18×10^{-5}	1.41×10^{-5}
(v)	$W_{13}W_{14}W_{15}W_{23}W_{24}W_{25}\neq0$	4.46×10^{-4}	3.24×10^{-4}	1.09×10^{-3}	1.65×10^{-4}
(vi)	$W_{12}W_{13}W_{14}W_{15}W_{23}W_{24}W_{25}\neq0$	4.52×10^{-4}	3.26×10^{-4}	1.17×10^{-3}	1.64×10^{-4}

(ii) 进一步打开$|2\rangle$和$|i\rangle$之间的单光子耦合通道，通过设置 $W_{12}W_{23}W_{24}W_{25}\neq0$，忽略那些三光子耦合。与情况 (i) 的计算结果相比，

电子态$|2\rangle$上的最终布居增加了 7 个数量级，三个更高的激发态$|i\rangle$上也有了相同量级的布居，正如表 5.1 所示。因此，可以推断出$|2\rangle$和$|i\rangle$之间的单光子耦合增强了从$|1\rangle$到$|2\rangle$态的布居转移效率。

通过比较情况（i）对应的图 5.3(a）和情况（ii）对应的图 5.3(b）中每个激发态上的含时布居，也可以揭示以上结论。在图 5.3(a）中，$|2\rangle$上的布居在激光脉冲峰值强度时刻能暂时增加到 10^{-6} 量级，然而，激光脉冲作用结束后，布居减少到一个相对较小的 10^{-14} 量级。如果把$|2\rangle$和$|i\rangle$之间的单光子耦合考虑进来，在激光脉冲作用期间，$|2\rangle$和$|i\rangle$可以被视为光缀饰叠加态，这样可以增强从基态到激发态的布居转移效率。如图 5.3(b）所示，$|2\rangle$上瞬时的布居峰值比图 5.3(a）中的大，前者大约是 2.1×10^{-6}，后者约是 1.8×10^{-6}。两个布居峰值的差异有 10^{-7} 量级，这和情况（ii）中$|2\rangle$上保留下来的布居数量级一致。而且图 5.3(b）中显示布居首先从$|1\rangle$转移到$|2\rangle$（大约从 $t=120$fs 开始），然后转移到$|i\rangle$（大约从 $t=170$fs 开始），激光脉冲作用结束后，保留在$|i\rangle$上的布居是 10^{-7} 量级。因此，$|2\rangle$和$|i\rangle$之间的单光子耦合可以增加$|2\rangle$上的布居，使其与$|i\rangle$上的布居量级一样。

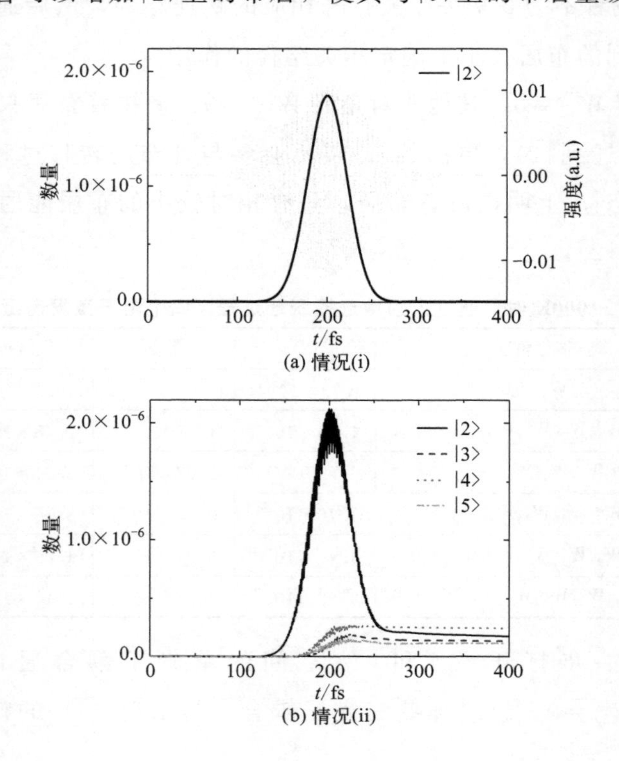

(a) 情况(i)

(b) 情况(ii)

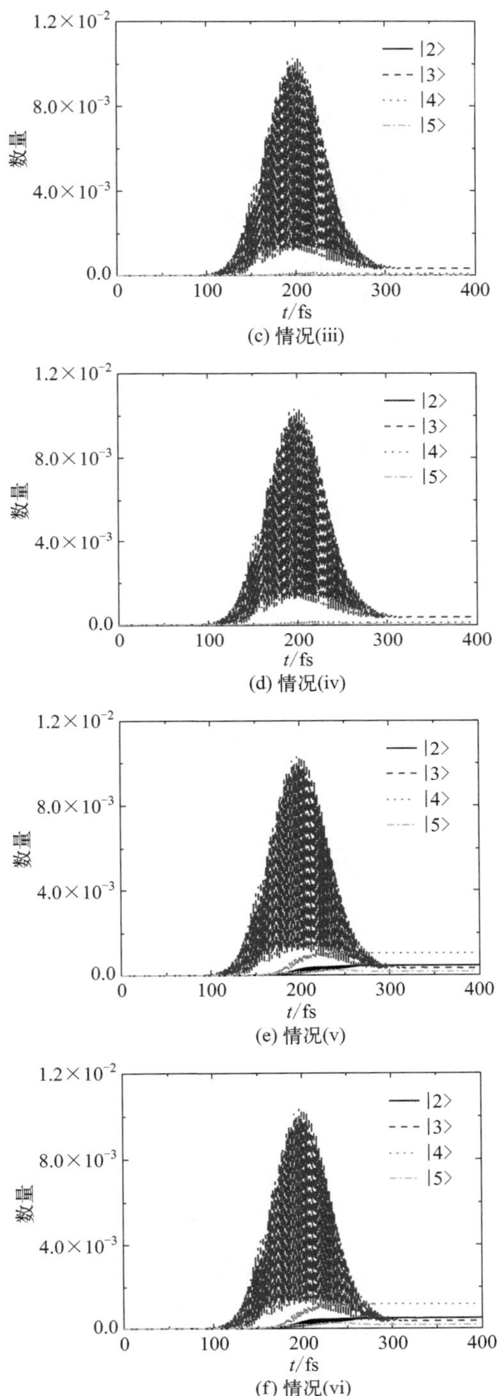

(c) 情况(iii)

(d) 情况(iv)

(e) 情况(v)

(f) 情况(vi)

图 5.3　1000K 时四个电子激发态上的含时布居

(iii) 上面两种情况没有包含$|1\rangle$和$|i\rangle$之间的三光子耦合，接下来将分析布居通过三光子耦合从$|1\rangle$直接跃迁到$|i\rangle$的效率。人为地将双光子耦合W_{12}和单光子耦合W_{23}，W_{24}，W_{25}设为零，并将表示三光子耦合的非对角项设为$W_{13}W_{14}W_{15}\neq 0$。如表 5.1 所示，对于情况（iii），$|2\rangle$上显然没有布居。然而，$|1\rangle$电子态上的镁原子可以吸收三个光子的能量，直接跃迁到更高的激发态$|i\rangle(i=3,4,5)$。同时，情况（iii）中$|i\rangle$上布居的数量级比情况（ii）中的大 2 到 3 个量级，表明直接从$|1\rangle$到$|i\rangle$的三光子跃迁可以得到相当大的布居，对应的布居动力学见图 5.3(c)。在三个更高的激发态中，$|3\rangle$的布居峰值可达到$\sim 10^{-2}$，最终的布居为$\sim 10^{-4}$，其他激发态布居的放大图见图 5.4(a)。从图 5.3(c) 和图 5.4(a) 可以看到三个更高的激发态从大约$t=120$fs 时刻开始有布居，这和图 5.3(a) 对应的情况（i）中布居从$|1\rangle$双光子跃迁到$|2\rangle$的时刻是相同的。

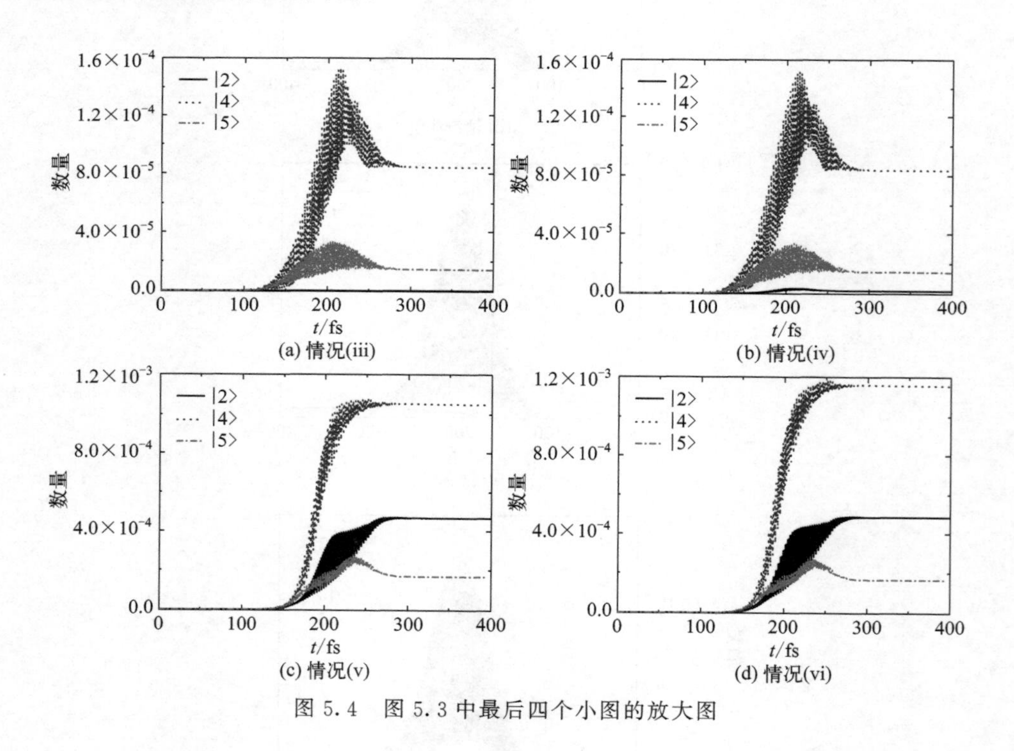

(a) 情况(iii)　(b) 情况(iv)　(c) 情况(v)　(d) 情况(vi)

图 5.4　图 5.3 中最后四个小图的放大图

(iv) 情况（iii）中结果说明，从$|1\rangle$到$|i\rangle$直接的三光子跃迁效率比从$|1\rangle$到$|2\rangle$的双光子跃迁效率高，这两个布居转移过程基本发生在相同的时

间。三光子跃迁发生在偶宇称与奇宇称电子态之间，是电偶极矩跃迁允许的，而双光子跃迁发生在两个偶宇称电子态之间，该跃迁过程是电偶极矩跃迁禁止的。所以三光子跃迁效率比双光子跃迁效率高。因此，同时考虑这两个跃迁过程，忽略$|2\rangle$和$|i\rangle$之间的单光子耦合，与从$|2\rangle$到$|i\rangle$［图 5.3(b)］的“V”形拉曼跃迁相比，从$|i\rangle$到$|2\rangle$［图 5.2(d)］的“V”形拉曼跃迁是否会起主导作用。如表 5.1 所示，当设置 $W_{12}W_{13}W_{14}W_{15}\neq 0$［情况（iv）］，三个更高激发态上的布居相比情况（iii）中的值基本保持不变，这表明从$|2\rangle$到$|i\rangle$的“V”形拉曼跃迁过程是可以忽略的。然而，$|2\rangle$上的布居值相比于情况（i）中的增加了大约 8 个量级。因此，由于从$|1\rangle$到$|i\rangle$强的三光子跃迁，从$|i\rangle$到$|2\rangle$的“V”形拉曼跃迁过程可以增加$|2\rangle$上的最终布居。

$|2\rangle$态上的布居可以来源于从$|1\rangle$到$|2\rangle$的双光子跃迁［情况(i)］，从$|1\rangle$到$|2\rangle$和$|i\rangle$的单光子缀饰叠加态增强的双光子跃迁［情况(ii)］，基于$|1\rangle$和$|i\rangle$之间强的三光子跃迁，从$|i\rangle$到$|2\rangle$的“V”形拉曼跃迁［情况(iv)］。如表 5.1 所示，上述三种情况转移到$|2\rangle$态上的布居数量级分别为$\sim 10^{-14}$，$\sim 10^{-7}$ 和$\sim 10^{-6}$。显然，由于从$|1\rangle$到$|i\rangle$强的三光子跃迁，从$|i\rangle$到$|2\rangle$的“V”形拉曼跃迁起主导作用。如图 5.3(d) 和图 5.4(b) 所示，情况（iv）对应的布居转移动力学显示，$|i\rangle$上开始出现布居的时间早于$|2\rangle$态，这和上面的结论是一致的。

（v）设置 $W_{13}W_{14}W_{15}W_{23}W_{24}W_{25}\neq 0$，忽略双光子耦合 W_{12}，三光子和单光子耦合可以形成图 5.2(c) 所示的跃迁路径。由于这两种耦合较强，所以四个激发态上会有显著的布居，情况（v）对应的$|2\rangle$上最终布居的量级增加到$\sim 10^{-4}$，与其他三个更高激发态上的布居量级是一样的。因此，可以得出如下结论，$|2\rangle$态上的布居主要来源于$|1\rangle \xrightarrow{+3\hbar\omega} |i\rangle \xrightarrow{-\hbar\omega} |2\rangle$。除此之外，同样注意到情况（v）中$|i\rangle$上的最终布居比情况（iii）中对应的值大，是因为$|2\rangle$和$|i\rangle$形成的单光子缀饰叠加态增强了从基态到激发态的三光子跃迁效率。情况（v）对应的四个激发态上的布居动力学展示在图 5.3(e) 和放大的图 5.4(c) 中。情况（iii）和（iv）中，三个更高的激发态上几乎同时从大约 $t=120$fs 时刻有布居，然而，情况（v）中，$|3\rangle$态上从$\sim$120fs 开始有布居，其他两个更高的激发态（$|4\rangle$和$|5\rangle$）以及第一激发态$|2\rangle$上出现布居

的时刻都较晚，～150fs。这些都可归因于单光子耦合的影响。

(vi) 当所有的跃迁过程都被考虑进来 ($W_{12}W_{13}W_{14}W_{15}W_{23}W_{24}W_{25}\neq 0$)，表5.1中四个激发态上的最终布居以及图5.3(f) 和图5.4(d) 中的布居动力学与情况 (v) 中的都非常相似。说明$|1\rangle$和$|2\rangle$之间的双光子耦合作用较小，当仅考虑基电子态$|1\rangle$和第一激发态$|2\rangle$时，很难在$|2\rangle$上形成束缚分子。因为$|1\rangle$和$|i\rangle$之间强的三光子耦合，$|2\rangle$和$|i\rangle$之间强的单光子耦合，更高的激发态$|i\rangle(i=3,4,5)$在光缔合过程中扮演着重要的角色，从$|i\rangle$通过单光子跃迁到$|2\rangle$的布居远大于从$|1\rangle$双光子跃迁到$|2\rangle$的布居。

5.3 本章小结

本章探究了镁原子体系光缔合过程中的多通道效应。采用随机相位波包方法来描述1000K温度下的镁原子热系综。在840nm飞秒激光脉冲的作用下，发现单独的双光子跃迁效率，$|2\rangle\leftarrow|1\rangle$，远低于单独从$|1\rangle$三光子跃迁到其他三个激发态$|i\rangle(i=3,4,5)$的效率，双光子跃迁得到的光缔合概率比三光子跃迁得到的值小10个数量级。双光子跃迁和三光子跃迁结合可以增加留在第一激发态$|2\rangle$上的镁分子，增强的机理是通过从$|i\rangle$到$|2\rangle$的“V”形拉曼跃迁实现的。除此之外，第一激发态$|2\rangle$与三个更高激发态之间的单光子耦合可以进一步增强转移到第一激发态$|2\rangle$上的布居，这构筑了主要的布居转移路径，$|1\rangle\xrightarrow{+3\hbar\omega}|i\rangle\xrightarrow{-\hbar\omega}|2\rangle$。

第6章

热平均效应对大温度范围内碘化钠分子场后定向的影响

由于激光诱导分子定向和取向广泛的应用前景，包括光缔合[141]、光解离[241]、光电离[242]、高次谐波产生[243] 等，近年来，许多研究者对其进行了大量的研究。一般来说，激光诱导分子定向比激光诱导分子取向更具挑战性。因为取向是指分子特征矢量（如偶极矩）平行或垂直于空间特定方向（一般选电场偏振方向），定向是指分子特征矢量指向空间特定方向。

利用静电场、激光场、磁场可以实现分子定向[244-248]，为了实现场后分子定向，研究者们提出了各种控制方案，如使用强非共振场、弱静电场、双色或多色激光场以及半周期脉冲场等[249-252]。最近，利用单周期脉冲实现了场后分子定向[103]。实验上可以制备较低场强的单周期太赫兹脉冲场，该激光脉冲场已被用作实现场后定向的有力工具，并已应用于各种分子样品[125,137,253,254]。

之前研究了单周期太赫兹激光脉冲诱导两种“重”分子（NaI 和 IBr[150] ）的场后定向，发现可以通过改变单周期太赫兹脉冲和泵浦(pump) 脉冲之间的延迟时间来控制 NaI 分子预解离碎片的角分布[151]。单周期太赫兹脉冲的载波包络相位也会影响 NaI 分子的场后定向[255]。值得注意的是，在这些工作中只考虑了振转基态，$|v=0,j=0\rangle$，忽略了温度对场后定向的影响。

在上述工作的推动下，分析初始态热平均效应对大温度范围内 NaI 分子场后定向的影响。研究了不同温度（$T=0$K，100K，200K，300K，500K，1000K）时，单周期太赫兹激光脉冲中心频率在 0.05～0.5THz 范围内的定向动力学。振动态和转动态的数目随温度的升高而增加，考虑振转态的热平均效应，一种计算定向度$\langle\cos\theta\rangle$的方法是随机相位波包方法。随机相位的方法已经在文献［144，256］中得到应用。特别是已经采用随机相位波包方法模拟了耗散现象[145]，研究了热镁原子体系的光缔合[45,61,70]，以及模拟了 SO_2 分子在不同初始温度下的转动动力学[136,143]。本章采用随机相位波包方法，详细分析了温度和激光脉冲中心频率对 NaI 分子场后定向的影响。

6.1 碘化钠分子定向动力学理论

本章模拟了 NaI 分子在基电子态的定向动力学。玻恩-奥本海默近似条

件下，极性双原子分子与线偏振激光场的相互作用可以用如下含时薛定谔方程描述

$$\mathrm{i}\,\frac{\partial}{\partial t}\psi(t)=\hat{H}(t)\psi(t) \tag{6.1}$$

考虑振动和转动自由度的哈密顿算符表示为

$$\hat{H}(t)=\hat{H}_g+\hat{W}(t,\theta,R) \tag{6.2}$$

式中，$\hat{H}_g$ 是没有电场时的基电子态核振转哈密顿算符。值得注意的是，磁量子数 m 在线偏振电场的作用下是守恒的，对其求和可得一个简并因子$(2j+1)/(4\pi)$[141,182]，

$$\hat{H}_g=\hat{T}_R+\frac{\hat{J}^2}{2\mu R^2}+\hat{V}_g(R) \tag{6.3}$$

偶极近似下的相互作用项 $\hat{W}(t,\theta,R)$ 表示为

$$\hat{W}(t,\theta,R)=-d(R)E(t)\cos\theta \tag{6.4}$$

式中，μ 表示分子折合质量；R 是核间距；θ 是分子轴与激光场偏振方向的夹角。$\hat{T}_R$ 是振动动能算符；$\hat{J}$ 是角动量算符。$V_g(R)$ 是基电子态对应的势能函数，$d(R)$ 是分子永久偶极矩。势能函数和偶极矩的数据来源于文献 [257-259]。$E(t)$ 是含时电场，一个正弦平方形状的单周期太赫兹脉冲，表示为

$$E(t)=f(t)\cos[\omega_0(t-t_0)+\phi] \tag{6.5}$$

其中，

$$f(t)=E_0\sin^2[\pi(t-t_i)/t_p] \tag{6.6}$$

式中，$f(t)$ 表示单周期脉冲的包络；E_0 是电场峰值；ω_0 是中心频率$(\omega_0=2\pi\nu_0)$；t_0 是电场峰值对应的时刻；t_i 是初始时刻；t_p 表示脉冲持续时间；ϕ 是单周期太赫兹脉冲的载波包络相位。为了满足$\int E(t)\mathrm{d}t=0$ 的条件，设相位 $\phi=\pi/2$[260]。

基电子态哈密顿算符的振转本征函数$|v,j\rangle$可以直接由球谐函数 Y_{jm} 和 $\chi_{v,j}(R)$ 的乘积得到。Y_{jm} 是角动量算符 $\hat{J}^2$ 的本征函数，j 表示转动量子数。$\chi_{v,j}(R)$ 是依赖 j 的径向振动本征函数，使用傅里叶网格哈密顿方法数值求解以下薛定谔方程得到。

$$\left[-\frac{1}{2\mu}\frac{\partial^2}{\partial R^2}+\frac{j(j+1)}{2\mu R^2}+V_g(R)\right]\chi_{v,j}(R)=E_{v,j}\chi_{v,j}(R) \tag{6.7}$$

式中，$E_{v,j}$ 是 $\chi_{v,j}(R)$ 对应的能量本征值；v 表示振动量子数。

随机相位波包的构造方法是从文献［45］中发展而来的，可以用来描述完全耦合的振转动力学。随机相位波包由包含振动自由度（v）和转动自由度（j）的随机相位 $\Theta^k_{v,j}$ 展开得到：

$$|\psi^k\rangle=\sum_{v,j}e^{i\Theta^k_{v,j}}|v,j\rangle \tag{6.8}$$

式中，k 表示一组随机相位 $\Theta^k_{v,j}$，对于大量的随机相位组数 N，

$$\frac{1}{N}\sum_{k=1}^{N}e^{i(\Theta^k_{v,j}-\Theta^k_{v',j'})}=\delta_{vv'}\delta_{jj'} \tag{6.9}$$

初始时刻的密度算符表示为[145]。

$$\begin{aligned}\hat{\rho}_T(t=0)&=\frac{1}{Z}e^{-\frac{\beta}{2}\hat{H}_g}e^{-\frac{\beta}{2}\hat{H}_g}\frac{1}{N}\sum_{k=1}^{N}\sum_{v,v',j,j'}\sqrt{2j+1}\sqrt{2j'+1}\times e^{i(\Theta^k_{v,j}-\Theta^k_{v',j'})}|v,j\rangle\langle v',j'|\\&=\frac{1}{N}\sum_{k=1}^{N}\frac{1}{Z}\sum_{v,j}\sqrt{2j+1}\,e^{i\Theta^k_{v,j}}e^{-\frac{\beta}{2}E_{v,j}}|v,j\rangle\\&\quad\times\sum_{v',j'}\langle v',j'|e^{-\frac{\beta}{2}E_{v',j'}}e^{-i\Theta^k_{v',j'}}\sqrt{2j'+1}\\&=\frac{1}{N}\sum_{k=1}^{N}\frac{1}{Z}|\psi^k\rangle_{T\,T}\langle\psi^k|\end{aligned} \tag{6.10}$$

其中，

$$|\psi^k\rangle_T=\sum_{v,j}\sqrt{2j+1}\,e^{i\Theta^k_{v,j}}e^{-\frac{\beta}{2}E_{v,j}}|v,j\rangle \tag{6.11}$$

式中，$\beta=1/(k_BT)$（k_B 表示玻尔兹曼常数）。归一化的随机相位波包为

$$|\tilde{\psi}^k\rangle_T=\frac{1}{\sqrt{Z}}|\psi^k\rangle_T \tag{6.12}$$

式中，$Z=\sum_{v,j}(2j+1)e^{-\beta E_{v,j}}$。接下来把 N 个不同的随机相位波包作为初始态参与含时演化，使用分裂算符方法来完成。含时定向度表示为

$$\langle\cos\theta\rangle(t)=\frac{1}{N}\sum_{k=1}^{N}{}_T\langle\tilde{\psi}^k(t)|\cos\theta|\tilde{\psi}^k(t)\rangle_T \tag{6.13}$$

6.2 热平均效应下的碘化钠分子定向动力学

本章研究了 NaI 分子的定向动力学，系综的温度从 0～1000K 变化（T=0K、100K、200K、300K、500K、1000K），激光脉冲中心频率从 0.05～0.5THz 变化，间隔为 0.05THz。单周期太赫兹脉冲的峰值强度设为 $2\times10^8\text{W/cm}^2$，初始时刻和持续时间分别为 $t_i=-10\text{ps}$ 和 $t_p=20\text{ps}$。

在每个温度条件下，为了探究振转本征态的热平均效应对 NaI 分子定向动力学的影响，首先考虑 $E(t)=0$ 的情况。不同温度的热平衡条件下，初始时刻的振动和转动布居分布明显不同，如图 6.1 所示。随着温度的升高，越来越多的初始态分布在高振转态上。温度 T=100K，200K，300K，500K，1000K 时，分别有 2，3，4，7，15 个振动态上有布居，此外，每个振动态又分别有 60，80，100，120，180 个转动态上有布居。初始振转布居

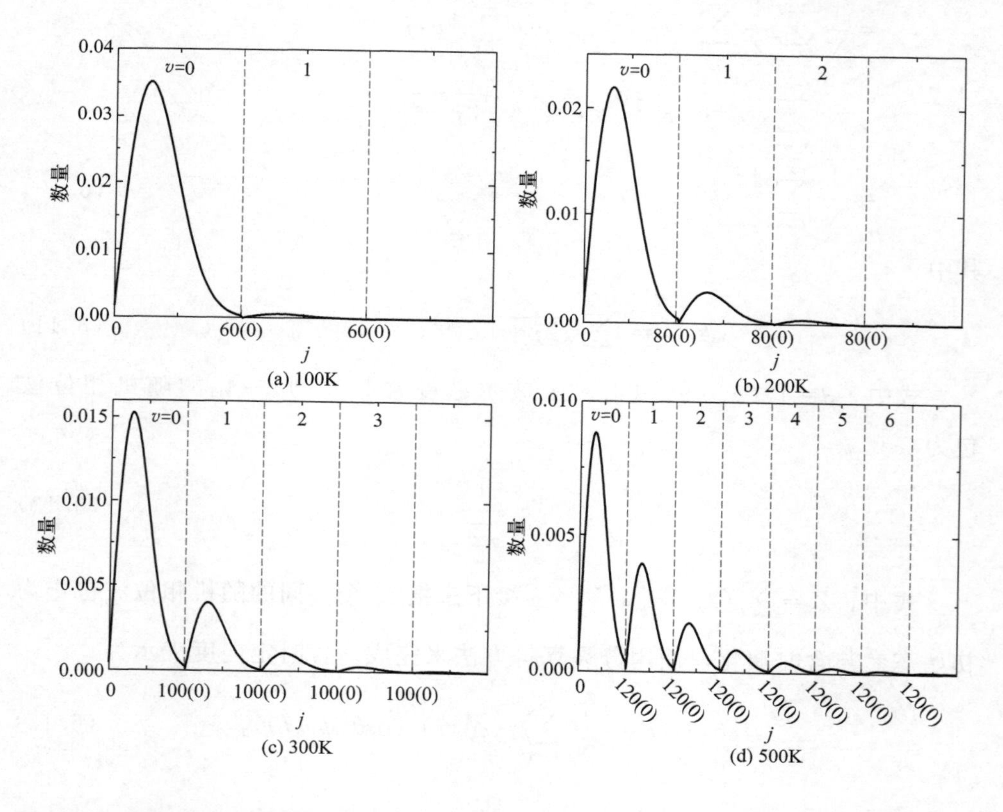

(a) 100K (b) 200K (c) 300K (d) 500K

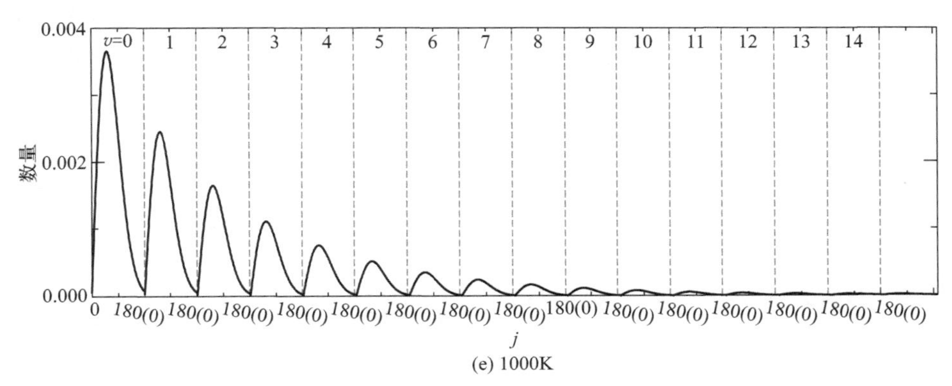

图 6.1　温度为 100K、200K、300K、500K 和 1000K 时，NaI 分子基电子态上的振转布居分布

分布导致体系存在弱的含时定向。以 $T=1000\text{K}$ 为例，$\langle\cos\theta\rangle(t)$ 在 -0.01 到 0.01 之间振荡，正如图 6.2(b) 中看到的，这不同于温度 $T=0\text{K}$ 的情况。如图 6.2(a) 所示，$T=0\text{K}$ 时，分子最初被设定在特定的振转基态上，$|v=0, j=0\rangle$，显然是没有含时定向的。

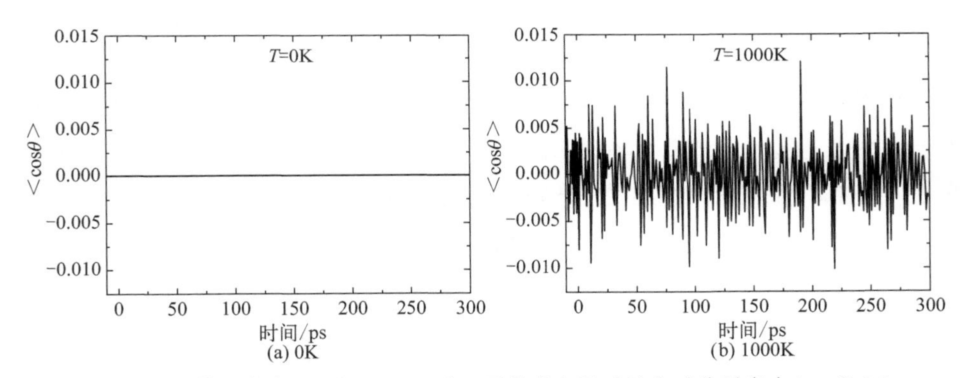

图 6.2　初始温度为 0K 和 1000K 时，不考虑电场时的含时分子定向 $\langle\cos\theta\rangle(t)$

不同温度、不同激光脉冲中心频率条件下，本章采用随机相位波包方法研究了 NaI 分子的定向动力学。为了确保随机相位波包方法计算出的结果收敛，在每个温度条件下计算了所有的含时分子定向参数 $\langle\cos\theta\rangle(t)$。值得注意的是，不同温度时，$N=50$ 就能保证数值结果收敛。以 $T=100\text{K}$ 和 1000K 为例，图 6.3 显示了 $N=50$ 和 80 的 $\langle\cos\theta\rangle(t)$ 曲线。对于这两个较低和较高的温度，$N=50$ 和 80 对应的曲线几乎重合。这表明，在使用随机相

位波包方法的计算中，随机相位波包个数 N 设为 50 即可。此外，图 6.3(b) 中，$T=1000$K 时，仍然可以观察到周期性的场后定向，最大场后定向度约为 0.04，比 1000K 热平衡状态时的背景定向度（大致从 −0.01 到 0.01）大得多。

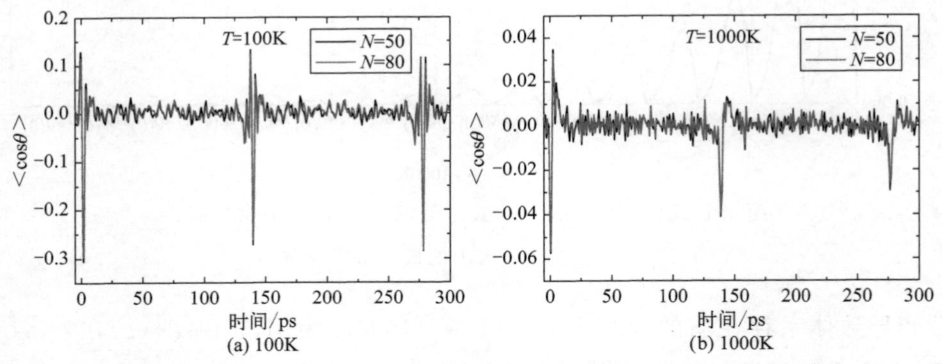

图 6.3　初始温度为 100K 和 1000K，中心频率为 0.15THz 时，单周期激光脉冲作用和结束后的含时分子定向

不同温度时，最大场后定向度 $|\langle\cos\theta\rangle|_{max}$ 随单周期激光脉冲中心频率的变化情况如图 6.4 所示，从中注意到几点：第一，由于初始态的热平均效应，随着温度的升高，分子场后定向明显受到抑制。第二，不同温度条件下，$\nu_0=0.15$THz 时的 $|\langle\cos\theta\rangle|_{max}$ 总比其他中心频率对应的值大。第三，与 $T=0$K，100K 和 200K 三个较低温度相比，三个较高温度 $T=300$K，500K 和 1000K 对应的 $|\langle\cos\theta\rangle|_{max}$ 随脉冲中心频率的变化程度很小。

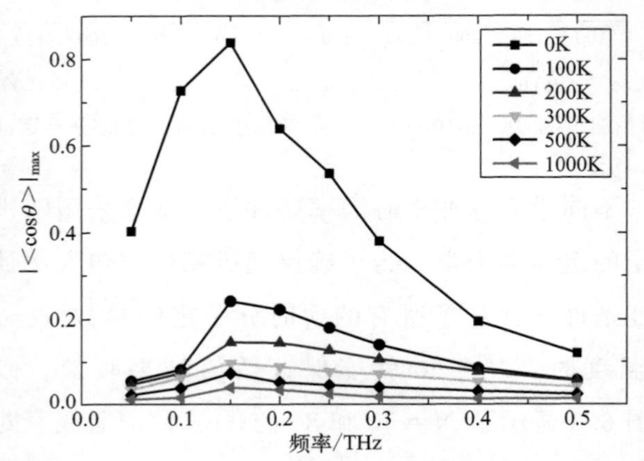

图 6.4　$|\langle\cos\theta\rangle|_{max}$ 随激光中心频率和系综温度的变化

此外，$|\langle\cos\theta\rangle|_{max}$ 受温度抑制的程度随激光中心频率而变化。相比于其他中心频率，$\nu_0=0.1$THz 时 $|\langle\cos\theta\rangle|_{max}$ 被抑制最明显。以 $T=0\sim100$K $|\langle\cos\theta\rangle|_{max}$ 的变化为例，$\nu_0=0.1$THz 时 $|\langle\cos\theta\rangle|_{max}$ 从大约 0.73 减少到 0.08，降幅大于 88%；然而 $\nu_0=0.15$THz、0.2THz 时，降幅分别为 71% 和 65%。从图 6.4 中还可以看出，$T=0$K，$\nu_0=0.2$THz 时的 $|\langle\cos\theta\rangle|_{max}$ 比 $\nu_0=0.1$THz 时的小，然而，在其他温度条件下，$\nu_0=0.2$THz 时的 $|\langle\cos\theta\rangle|_{max}$ 比 $\nu_0=0.1$THz 时的都大。

众所周知，振转布居分布是影响定向的重要因素之一。因此，比较 $\nu_0=0.1$THz 和 0.2THz 时单周期脉冲作用结束后分子的振转布居分布，三个较低温度对应的振转布居如图 6.5 所示。对比图 6.5(a) 和 (b) 发现，$\nu_0=0.1$THz 时，布居主要分布在高转动态上，而 $\nu_0=0.2$THz 时，更多的布居分布在较低的转动态上。因此，前者对应的 $|\langle\cos\theta\rangle|_{max}$ 比后者相对更大。

然而，当初始温度升高到 $T=100$K 和 200K 时，分子的振转布居分布发生了明显的变化。首先，与 $\nu_0=0.2$THz 时相比，$\nu_0=0.1$THz 对应的各个振动态，布居主要分布在较低转动能级上。其次，当 $\nu_0=0.1$THz 时，各个振动态的相邻转动态布居变化显著，而当 $\nu_0=0.2$THz 时，相邻转动态布居变化没有 $\nu_0=0.1$THz 时的明显，如图 6.5(c)～(f) 所示。因此，温度 $T=100$K 和 200K，$\nu_0=0.1$THz 对应的 $|\langle\cos\theta\rangle|_{max}$ 反而比 $\nu_0=0.2$THz 时的小，这与文献中的解析结果是一致的[130]。特别地，通过对比图 6.1 中振转态初始热分布和单周期脉冲作用结束后的振转布居，发现此过程中是没有振动激发的。

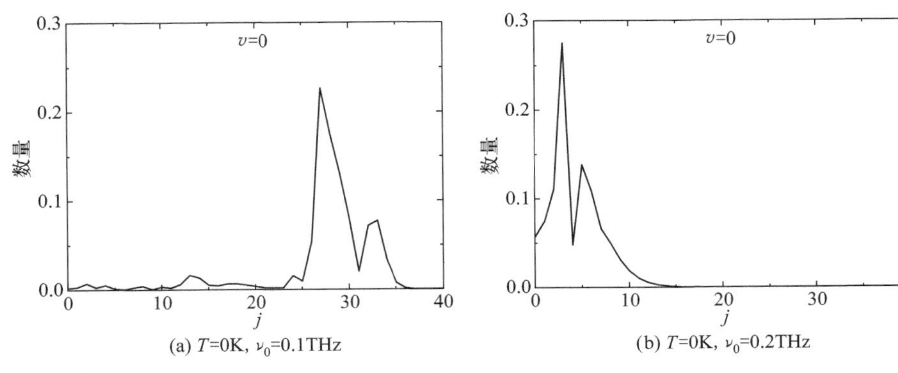

(a) T=0K, ν_0=0.1THz　(b) T=0K, ν_0=0.2THz

图 6.5

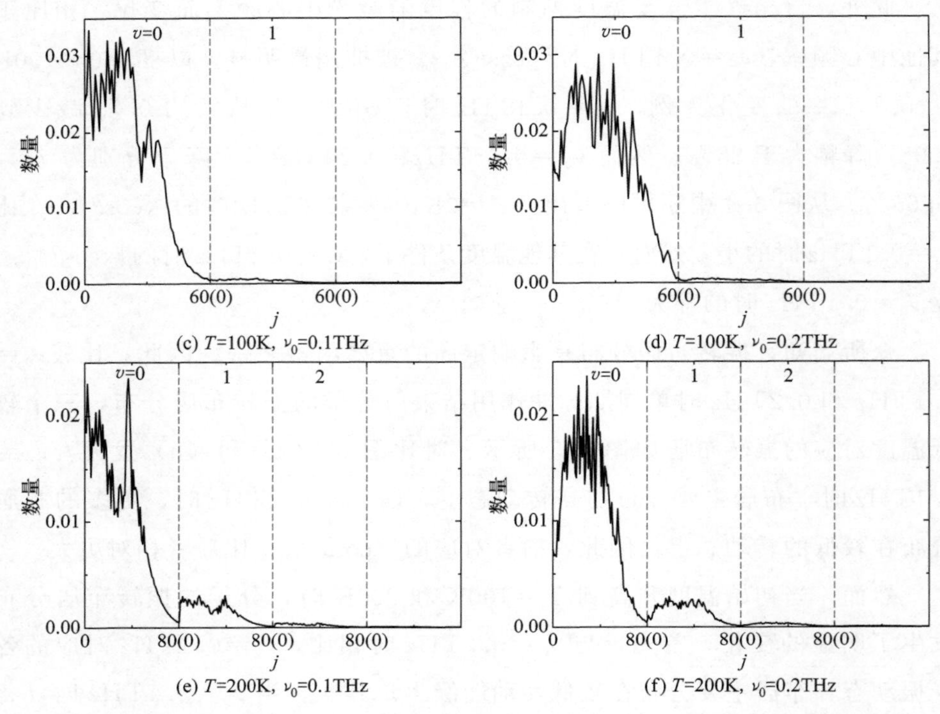

图 6.5　初始温度分别为 0K、100K、200K，中心频率为 0.1THz 和中心频率为 0.2THz 时，单周期脉冲作用结束后的振转布居

为了进一步分析 $\nu_0=0.1$THz 时 $|\langle\cos\theta\rangle|_{max}$ 与 $\nu_0=0.2$THz 时 $|\langle\cos\theta\rangle|_{max}$ 的相对差值随温度的变化，图 6.6 给出了不同温度条件下，单周期脉冲作用结束后的转动布居分布。可以看出，随着温度的升高，$\nu_0=0.1$THz 和 0.2THz 时的数据点重叠部分越来越多。如图 6.6(d)～(f) 所示，$T=$ 300K、500K 和 1000K，$\nu_0=0.1$THz 和 0.2THz 时的转动布居分布非常接近，特别是对于较高的转动态。结果表明，对于三个较高的温度，$\nu_0=$ 0.1THz 时 $|\langle\cos\theta\rangle|_{max}$ 与 $\nu_0=0.2$THz 时 $|\langle\cos\theta\rangle|_{max}$ 之间的差值相对较小。

前面比较了不同温度下 $\nu_0=0.1$THz 和 0.2THz 对应的 $|\langle\cos\theta\rangle|_{max}$。然而，值得强调的是，在不同温度条件下，$|\langle\cos\theta\rangle|_{max}$ 的最大值出现在 $\nu_0=$ 0.15THz。$T=0$K，100K，200K，300K，500K 和 1000K，$\nu_0=0.15$THz 时的最终转动布居分布见图 6.7。从图中可以看出，$\nu_0=0.15$THz 时，相邻

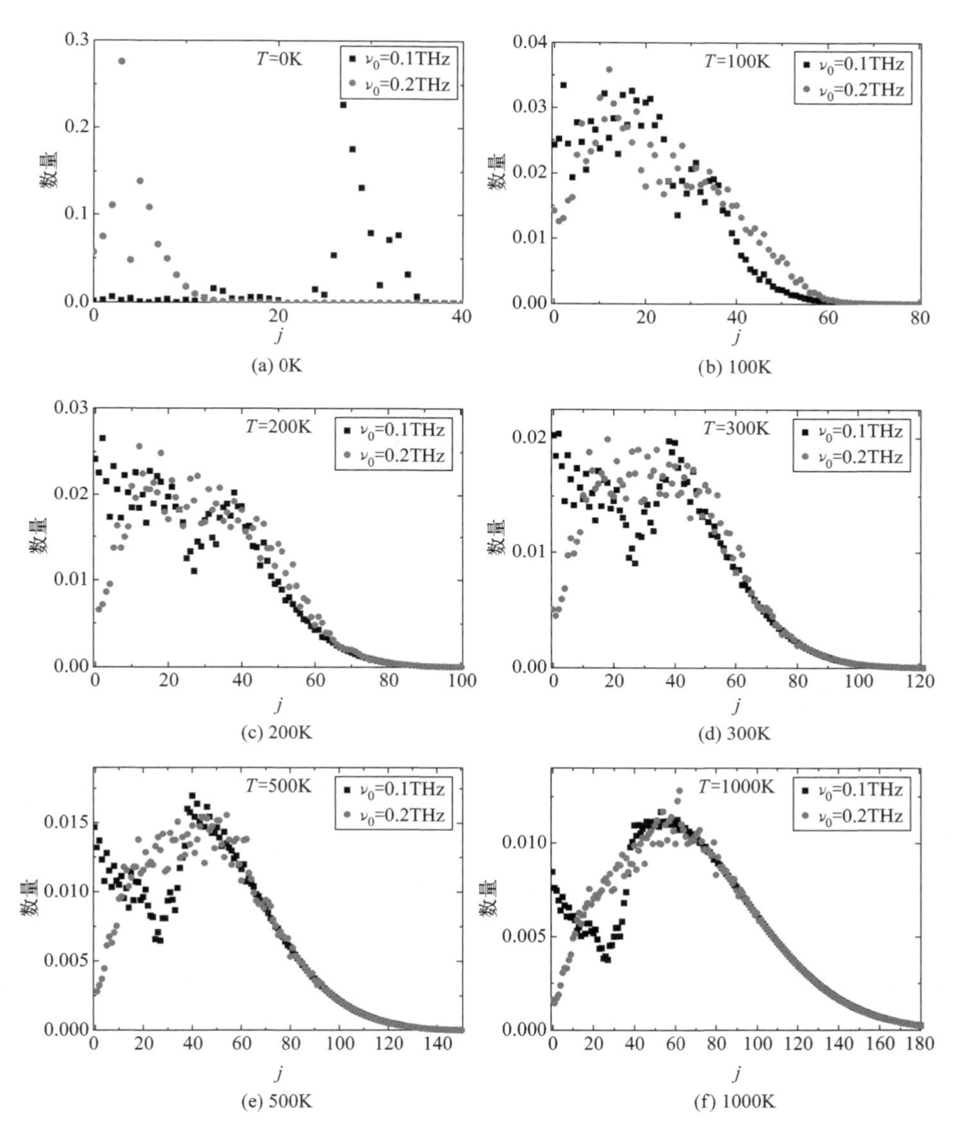

(a) 0K (b) 100K (c) 200K (d) 300K (e) 500K (f) 1000K

图 6.6 温度为 0K、100K、200K、300K、500K 和 1000K，中心频率为 0.1THz 和 0.2THz 时，单周期脉冲作用结束后的转动布居分布

转动态之间的布居差异比 ν_0 = 0.1THz 和 0.2THz 时的小。因此，尽管随着温度的升高 $|\langle\cos\theta\rangle|_{max}$ 的值在减小，最大的 $|\langle\cos\theta\rangle|_{max}$ 保持在 ν_0 = 0.15THz 时。

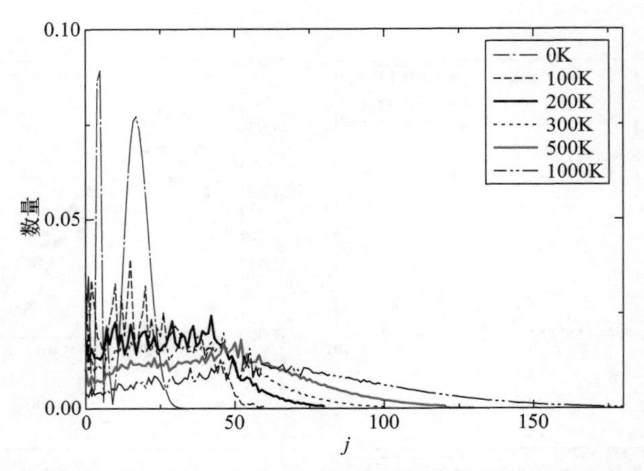

图 6.7　不同温度，中心频率为 0.15THz 的单周期脉冲作用结束后的转动布居分布

6.3　本章小结

本章分析了体系初始温度和单周期太赫兹激光脉冲中心频率对 NaI 分子定向动力学的影响。利用包含振动和转动自由度的随机相位波包方法得到了分子的定向度。结果表明，分子的定向程度强烈地依赖于温度和单周期脉冲的中心频率。一方面，尽管在高温（$T=1000$K）下，分子定向由于初始态的热平均效应被明显抑制，但是仍然可以观察到周期性的场后定向。另一方面，由于初始态的热分布依赖温度变化，从而导致最终不同的转动分布，因此，NaI 分子最大场后定向度随单周期太赫兹脉冲中心频率的变化与体系温度密切相关。

附录

原子与分子物理常用单位及其换算

附表 1　原子与分子物理常用单位

物理量	单位	注释
电偶极矩(dipole moment)	a.u.	$e \cdot a_0$
	C・m	Coulomb・meter
	D	Debye
电场(electric field)	a.u.	$E_h \cdot e/a_0$
	V/m	Volt/meter
能量(energy or equivalent)	a.u.	E_h(Hartree)
	J	Joule
	J/mol	Joule/mole
	cal/mol	calories/mole
	eV	electron Volt
	Hz	Frequency in Hertz
	K	Temperature in Kelvin
	m^{-1}	Wave number in 1/m
力(force)	a.u.	E_h/a_0
	N	Newton=Joule/meter
光强(intensity of laser)	a.u.	$\hbar/a_0^2$
	W/m^2	Watt/meter^2=Joule・second/meter^2
力常数(force constant)	a.u.	E_h/a_0^2
	N/m	Newton/meter=Joule/meter^2
长度(length)	a.u.	a_0(Bohr)
	m	meter
	Å	Angstrom=1×10^{-10} meter
	deg	Angle in degree
角动量(angular momentum)	a.u.	$\hbar$(Planck)
	Js	Joule・second=kilogram・meter^2/second
	$u\cdot m^2/s$	amu・meter^2/second
质量(mass)	a.u.	m_e(mass of electron)
	u	atomic mass unit=1/12 of Carbon－12
	g	gram
动量(momentum)	a.u.	$m_e \cdot a_0 \cdot E_h/\hbar$
	g・m/s	gram・meter/second
	u・m/s	amu・meter/second
电荷(electric charge)	a.u.	e(charge of electron)
	C	Coulomb
时间(time)	a.u.	$\hbar/E_h$
	s	second
温度(temperature)	a.u.	

续表

物理量	单位	注释
温度(temperature)	K	Kelvin
速度(velocity)	a.u	$a_0 \cdot E_h/\hbar$
	m/s	meter/second

附表 2　常用单位与原子单位之间的换算

物理量	单位数值	原子单位数值
电偶极矩(dipole moment)	1.0C·m	$1.179462255721691\times10^{29}$
	1.0D	$0.393428000000000\times10^{0}$
电场(electric field)	1.0V/m	$1.944686937090702\times10^{-12}$
能量(energy or equivalent)	1.0J	$2.293684841493505\times10^{17}$
	1.0J/mol	$3.808755854867102\times10^{-7}$
	1.0cal/mol	$1.593583449676395\times10^{-6}$
	1.0eV	$3.674917081244605\times10^{-2}$
	1.0Hz	$1.519836862300743\times10^{-16}$
	1.0K	$3.166794325886739\times10^{-6}$
	1.0m^{-1}	$4.556356287081473\times10^{-8}$
	1.0cm^{-1}	$4.556356287081473\times10^{-6}$
力(force)	1.0N	$12137685.9679912\times10^{0}$
光强(intensity of laser)	1.0W/m^2	$2.849438966060889\times10^{-21}$
力常数(force constant)	1.0N/m	$6.423001887288152\times10^{-4}$
长度(length)	1.0m	$18897216879.2493\times10^{0}$
	1.0deg	$1.745329251994330\times10^{-2}$
角动量(angular momentum)	1.0Js	$9.482364359524773\times10^{33}$
	1.0u·m^2/s	$15745847.0836851\times10^{0}$
质量(mass)	1.0u	$1822.85963988382\times10^{0}$
	1.0g	$1.097750993629312\times10^{27}$
动量(momentum)	1.0g·m/s	$5.017862905482757\times10^{20}$
	1.0u·m/s	$8.332363005779590\times10^{-4}$
电荷(electric charge)	1.0C	$6.241460122187816\times10^{18}$
	1.0CO	$0.624150764865554\times10^{19}$
时间(time)	1.0s	$4.134118248499410\times10^{16}$
温度(temperature)	1.0K	$3.166794325886739\times10^{-6}$
速度(velocity)	1.0m/s	$4.571039274483396\times10^{-7}$

注：

玻尔兹曼常数	单位	数值
K_B	J/K	1.38064852×10^{-23}
	a.u.	1

参考文献

[1] Dulieu O, Osterwalder A, Ye J, et al. Cold chemistry: Molecular scattering and reactivity near absolute zero [M]. Cambridge: Royal Society of Chemistry, 2017: 633-662.

[2] Koch C P, Lemeshko M, Sugny D. Quantum control of molecular rotation [J]. Reviews of Modern Physics, 2019, 91 (3): 035005.

[3] Krems R V. Cold controlled chemistry [J]. Physical Chemistry Chemical Physics, 2008, 10 (28): 4079-4092.

[4] Krems R V. Molecules near absolute zero and external field control of atomic and molecular dynamics [J]. International Reviews in Physical Chemistry, 2005, 24 (1): 99-118.

[5] Amelink A, van der Straten P. Photoassociation of ultracold sodium atoms [J]. Physica Scripta, 2003, 68 (3): C82-C89.

[6] McKenzie C, Denschlag J H, Haffner H, et al. Photoassociation of sodium in a Bose-Einstein condensate [J]. Physical Review Letters, 2002, 88 (12): 120403.

[7] Zinner G, Binnewies T, Riehle F, et al. Photoassociation of cold Ca atoms [J]. Physical Review Letters, 2000, 85 (11): 2292-2295.

[8] Zhang Y, Ma J, Wu J, et al. Experimental observation of the lowest levels in the photoassociation spectroscopy of the 0_g^- purely-long-range state of Cs_2 [J]. Physical Review A, 2013, 87 (3): 030503.

[9] Pillet P. Formation of ultra-cold Cs_2 molecules through photoassociation [J]. Physica Scripta, 2003, 68 (2): C48-C53.

[10] Lyu B K, Li J L, Wang M, et al. Efficient formation of stable ultracold Cs_2 molecules in the ground electronic state via two-color photoassociation [J]. European Physical Journal D, 2019, 73 (1): 20.

[11] Passagem H F, Colin-Rodriguez R, Tallant J, et al. Continuous loading of ultracold ground state $^{85}Rb_2$ molecules in a dipole trap using a single light beam [J]. Physical Review Letters, 2019, 122 (12): 123401.

[12] Wang H, Stwalley W C. Ultracold photoassociative spectroscopy of heteronuclear alkali-metal diatomic molecules [J]. Journal of Chemical Physics, 1998, 108 (14): 5767-5771.

[13] Banerjee J, Rahmlow D, Carollo R, et al. Spectroscopy and applications of the $^3\Sigma^+$ electronic state of $^{39}K^{85}Rb$ [J]. Journal of Chemical Physics, 2013, 139 (17): 174316.

[14] Liu Y Y, Wu J Z, Liu W L, et al. Highly sensitive photoassociation spectroscopy of ultracold $^{23}Na^{133}Cs$ molecular long-range states below the $3S_{1/2}+6P_{3/2}$ limit [J]. Chinese Physics B, 2017, 26 (12): 123702.

[15] Munchow F, Bruni C, Madalinski M, et al. Two-photon photoassociation spectroscopy of het-eronuclear

YbRb [J]. Physical Chemistry Chemical Physics，2011，13 (42)：18734-18737.

[16] Wang Z W，Li Z A，Bai X H，et al. Analyzing the photoassociation spectrum of ultracold $^{85}Rb^{133}Cs$ molecule in $(3)^3\Sigma^+$ state [J]. Journal of Chemical Physics，2024，160 (11)：114313.

[17] Zhang Y. Femtosecond lasers：New research [M]. New York：Nova Science Publishers，inc.，2013.

[18] Kleinbach K S，Meinert F，Engel F，et al. Photoassociation of trilobite Rydberg molecules via resonant spin-orbit coupling [J]. Physical Review Letters，2017，118 (22)：223001.

[19] Doyle J，Friedrich B，Krems R V，et al. Quo vadis，cold molecules? [J]. European Physical Journal D，2004，31 (2)：149-164.

[20] Fioretti A，Comparat D，Crubellier A，et al. Formation of cold Cs_2 molecules through photoassociation [J]. Physical Review Letters，1998，80 (20)：4402-4405.

[21] Sage J M，Sainis S，Bergeman T，et al. Optical production of ultracold polar molecules [J]. Physical Review Letters，2005，94 (20)：203001.

[22] Shapiro E A，Shapiro M，Avi P A，et al. Photoassociation adiabatic passage of ultracold Rb atoms to form ultracold Rb_2 molecules [J]. Physical Review A，2007，75 (1)：013405.

[23] Salzmann W，Poschinger U，Wester R，et al. Coherent control with shaped femtosecond laser pulses applied to ultracold molecules [J]. Physical Review A，2006，73 (2)：023414.

[24] Luc-Koenig E，Kosloff R，Masnou-Seeuws F，et al. Photoassociation of cold atoms with chirped laser pulses：Time-dependent calculations and analysis of the adiabatic transfer within a two-state model [J]. Physical Review A，2004，70 (3)：033414.

[25] Vala J，Dulieu O，Masnou-Seeuws F，et al. Coherent control of cold-molecule formation through photoassociation using a chirped-pulsed-laser field [J]. Physical Review A，2000，63 (1)：013412.

[26] Deiglmayr J，Pellegrini P，Grochola A，et al. Influence of a Feshbach resonance on the photoassociation of LiCs [J]. New Journal of Physics，2009，11 (5)：055034.

[27] Nikolov A N，Ensher J R，Eyler E E，et al. Efficient production of ground-state potassium molecules at sub-mK temperatures by two-step photoassociation [J]. Physical Review Letters，2000，84 (2)：246-249.

[28] Zhang W，Wang G R，Cong S L. Efficient photoassociation with a train of asymmetric laser pulses [J]. Physical Review A，2011，83 (4)：045401.

[29] Koch C P，Shapiro M. Coherent control of ultracold photoassociation [J]. Chemical Reviews，2012，112 (9)：4928-4948.

[30] Chakraborty D，Hazra J，Deb B. Resonant enhancement of the ultracold photoassociation rate by an electric field-induced anisotropic interaction [J]. Journal of Physics B：Atomic Molecular and Optical Physics，2011，44 (9)：095201.

[31] Chakraborty D，Deb B. Effects of a static electric field on two-color photoassociation between different atoms [J]. AIP Advances，2014，4 (1)：017134.

[32] Gonzalez-Ferez R，Koch C P. Enhancing photoassociation rates by nonresonant-light control of shape

resonances [J]. Physical Review A, 2012, 86 (6): 063420.

[33] Hu X J, Xie T, Huang Y, et al. Feshbach-optimized photoassociation controlled by electric and magnetic fields [J]. Physical Review A, 2014, 89 (5): 052712.

[34] 高伟. 双原子分子光缔合与光解离动力学理论研究 [D]. 大连: 大连理工大学, 2019.

[35] Koch C P, Luc-Koenig E, Masnou-Seeuws F. Making ultracold molecules in a two-color pump dump photoassociation scheme using chirped pulses [J]. Physical Review A, 2006, 73 (3): 033408.

[36] Zhang W, Huang Y, Xie T, et al. Efficient photoassociation with a slowly-turned-on and rapidly turned-off laser field [J]. Physical Review A, 2010, 82 (6): 063411.

[37] Levin L, Skomorowski W, Kosloff R, et al. Coherent control of bond making: The performance of rationally phase-shaped femtosecond laser pulses [J]. Journal of Physics B: Atomic Molecular and Optical Physics, 2015, 48 (18): 184004.

[38] Salzmann W, Mullins T, Eng J, et al. Coherent transients in the femtosecond photoassociation of ultracold molecules [J]. Physical Review Letters, 2008, 100 (23): 233003.

[39] Sussman B J, Underwood J G, Lausten R, et al. Quantum control via the dynamic Stark effect: Application to switched rotational wave packets and molecular axis alignment [J]. Physical Review A, 2006, 73 (5): 053403.

[40] Minemoto S, Kanai T, Sakai H. Alignment dependence of the structural deformation of CO_2 molecules in an intense femtosecond laser field [J]. Physical Review A, 2008, 77 (4): 041401.

[41] Muramatsu M, Hita M, Minemoto S, et al. Field-free molecular orientation by an intense nonresonant two-color laser field with a slow turn on and rapid turn off [J]. Physical Review A, 2009, 79 (1): 011403.

[42] Goban A, Minemoto S, Sakai H. Laser-field-free molecular orientation [J]. Physical Review Letters, 2008, 101 (1): 013001.

[43] Wang M, Li J L, Hu X J, et al. Photoassociation driven by a short laser pulse at millikelvin temperature [J]. Physical Review A, 2017, 96 (4): 043417.

[44] de Lima E F, Ho T S, Rabitz H. Laser-pulse photoassociation in a thermal gas of atoms [J]. Physical Review A, 2008, 78 (6): 063417.

[45] Amaran S, Kosloff R, Tomza M, et al. Femtosecond two-photon photoassociation of hot magnesium atoms: A quantum dynamical study using thermal random phase wavefunctions [J]. Journal of Chemical Physics, 2013, 139 (16): 164124.

[46] Jones K M, Tiesinga E, Lett P D, et al. Ultracold photoassociation spectroscopy: Long-range molecules and atomic scattering [J]. Reviews of Modern Physics, 2006, 78 (2): 483-535.

[47] Rvachov T M, Son H, Park J J, et al. Photoassociation of ultracold NaLi [J]. Physical Chemistry Chemical Physics, 2018, 20 (7): 4746-4751.

[48] Hu X J, Li J L, Xie T, et al. Short-pulse photoassociation of ^{40}K and ^{87}Rb atoms in the vicinity of magnetically tuned Feshbach resonances [J]. Physical Review A, 2015, 92 (3): 032709.

[49] Huang Y, Zhang W, Wang G R, et al. Formation of $^{85}Rb_2$ ultracold molecules via photoassociation by two-color laser fields modulating the Gaussian amplitude [J]. Physical Review A, 2012, 86 (4): 043420.

[50] 王彬彬. 冷原子光缔合及碰撞复合动力学理论研究 [D]. 大连：大连理工大学，2018.

[51] Tannor D J, Rice S A. Control of selectivity of chemical reaction via control of wave packet evolution [J]. Journal of Chemical Physics, 1985, 83 (10): 5013-5018.

[52] Tannor D J, Kosloff R, Rice S A. Coherent pulse sequence induced control of selectivity of reactions: Exact quantum mechanical calculations [J]. Journal of Chemical Physics, 1986, 85 (10): 5805-5820.

[53] Gordon R J, Rice S A. Active control of the dynamics of atoms and molecules [J]. Annual Review of Pysical Chemistry, 1997, 48: 601-641.

[54] Brixner T, Gerber G. Quantum control of gas-phase and liquid-phase femtochemistry [J]. ChemPhysChem, 2003, 4 (5): 418-438.

[55] Dantus M, Lozovoy V V. Experimental coherent laser control of physicochemical processes [J]. Chemical Reviews, 2004, 104 (4): 1813-1859.

[56] Wollenhaupt M, Engel V, Baumert T. Femtosecond laser photoelectron spectroscopy on atoms and small molecules: Prototype studies in quantum control [J]. Annual Review of Pysical Chemistry, 2005, 56: 25-56.

[57] Kuhn O, Woste L. Analysis and control of ultrafast photoinduced reactions [M]. Berlin: Springer, 2007.

[58] Levis R J, Menkir G M, Rabitz H. Selective bond dissociation and rearrangement with optimally tailored strong-field laser pulses [J]. Science, 2001, 292 (5517): 709-713.

[59] Rabitz H, de Vivie-Riedle R, Motzkus M, et al. Chemistry-Whither the future of controlling quantum phenomena? [J]. Science, 2000, 288 (5467): 824-828.

[60] Carini J L, Kallush S, Kosloff R, et al. Enhancement of ultracold molecule formation using shaped nanosecond frequency chirps [J]. Physical Review Letters, 2015, 115 (17): 173003.

[61] Levin L, Skomorowski W, Rybak L, et al. Coherent control of bond making [J]. Physical Review Letters, 2015, 114 (23): 233003.

[62] Marvet U, Dantus M. Femtosecond photoassociation spectroscopy: Coherent bond formation [J]. Chemical Physics Letters, 1995, 245 (4-5): 393-399.

[63] Koch C P, Ndong M, Kosloff R. Two-photon coherent control of femtosecond photoassociation [J]. Faraday Discussions, 2009, 142: 389-402.

[64] Merli A, Eimer F, Weise F, et al. Photoassociation and coherent transient dynamics in the interaction of ultracold rubidium atoms with shaped femtosecond pulses. Ⅱ. Theory [J]. Physical Review A, 2009, 80 (6): 063417.

[65] Backhaus P，Schmidt B. Femtosecond quantum dynamics of photoassociation reactions：The exciplex formation of mercury [J]. Chemical Physics，1997，217 (2-3)：131-143.

[66] Vardi A，Abrashkevich D，Frishman E，et al. Theory of radiative recombination with strong laser pulses and the formation of ultracold molecules via stimulated photo-recombination of cold atoms [J]. Journal of Chemical Physics，1997，107 (16)：6166-6174.

[67] Bonn M，Funk S，Hess C，et al. Phonon-versus electron-mediated desorption and oxidation of CO on Ru(0001) [J]. Science，1999，285 (5430)：1042-1045.

[68] Nuernberger P，Wolpert D，Weiss H，et al. Femtosecond quantum control of molecular bond formation [J]. Proceedings of the National Academy of Sciences of the United States of America，2010，107 (23)：10366-10370.

[69] Brif C，Chakrabarti R，Rabitz H. Control of quantum phenomena：Past，present and future [J]. New Journal of Physics，2010，12 (7)：075008.

[70] Rybak L，Amaran S，Levin L，et al. Generating molecular rovibrational coherence by two-photon femtosecond photoassociation of thermally hot atoms [J]. Physical Review Letters，2011，107 (27)：273001.

[71] Rybak L，Amitay Z，Amaran S，et al. Femtosecond coherent control of thermal photoassociation of magnesium atoms [J]. Faraday Discussions，2011，153：383-394.

[72] Stapelfeldt H，Seideman T. Colloquium：Aligning molecules with strong laser pulses [J]. Reviews of Modern Physics，2003，75 (2)：543-557.

[73] Seideman T，Hamilton E. Nonadiabatic alignment by intense pulses：Concepts，theory，and directions [J]. Advances in Atomic，Molecular，and Optical Physics，2005，52：289-329.

[74] Itatani J，Levesque J，Zeidler D，et al. Tomographic imaging of molecular orbitals [J]. Nature，2004，432 (7019)：867-871.

[75] Levine R D. Molecular reaction dynamics [M]. Cambridge：Cambridge University Press，2005.

[76] Torres R，Kajumba N，Underwood J G，et al. Probing orbital structure of polyatomic molecules by high-order harmonic generation [J]. Physical Review Letters，2007，98 (20)：203007.

[77] Seideman T. Molecular optics in an intense laser field：A route to nanoscale material design [J]. Physical Review A，1997，56 (1)：R17-R20.

[78] Shapiro E A，Khavkine I，Spanner M，et al. Strong-field molecular alignment for quantum logic and quantum control [J]. Physical Review A，2003，67 (1)：013406.

[79] Hay N，Lein M，Velotta R，et al. High-order harmonic generation in laser-aligned molecules [J]. Physical Review A，2002，65 (5)：053805.

[80] Kanai T，Minemoto S，Sakai H. Quantum interference during high-order harmonic generation from aligned molecules [J]. Nature，2005，435 (7041)：470-474.

[81] Kanai T，Minemoto S，Sakai H. Ellipticity dependence of high-order harmonic generation from aligned molecules [J]. Physical Review Letters，2007，98 (5)：053002.

[82] Hassler S, Caillat J, Boutu W, et al. Attosecond imaging of molecular electronic wavepackets [J]. Nature Physics, 2010, 6 (3): 200-206.

[83] Galinis G, Cacho C, Chapman R T, et al. Probing the structure and dynamics of molecular clusters using rotational wave packets [J]. Physical Review Letters, 2014, 113 (4): 043004.

[84] Viellard T, Chaussard F, Billard F, et al. Field-free molecular alignment for probing collisional relaxation dynamics [J]. Physical Review A, 2013, 87 (2): 023409.

[85] Karras G, Hertz E, Billard F, et al. Using molecular alignment to track ultrafast collisional relaxation [J]. Physical Review A, 2014, 89 (6): 063411.

[86] Purcell S M, Barker P F. Tailoring the optical dipole force for molecules by field-induced alignment [J]. Physical Review Letters, 2009, 103 (15): 153001.

[87] Le A T, Lucchese R R, Lee M T, et al. Probing molecular frame photoionization via laser generated high-order harmonics from aligned molecules [J]. Physical Review Letters, 2009, 102 (20): 203001.

[88] Petretti S, Vanne Y V, Saenz A, et al. Alignment-dependent ionization of N_2, O_2 and CO_2 in intense laser fields [J]. Physical Review Letters, 2010, 104 (22): 223001.

[89] Pavicic D, Lee K F, Rayner D M, et al. Direct measurement of the angular dependence of ionization for N_2, O_2 and CO_2 in intense laser fields [J]. Physical Review Letters, 2007, 98 (24): 243001.

[90] Xie X H, Doblhoff-Dier K, Xu H L, et al. Selective control over fragmentation reactions in polyatomic molecules using impulsive laser alignment [J]. Physical Review Letters, 2014, 112 (16): 163003.

[91] Baekhoj J E, Madsen L B. Attosecond transient-absorption spectroscopy on aligned molecules [J]. Physical Review A, 2016, 94 (4): 043414.

[92] Gershnabel E, Averbukh I S. Controlling molecular scattering by laser-induced field-free alignment [J]. Physical Review A, 2010, 82 (3): 033401.

[93] Gershnabel E, Averbukh I S. Deflection of field-free aligned molecules [J]. Physical Review Letters, 2010, 104 (15): 153001.

[94] Gershnabel E, Shapiro M, Averbukh I S. Stern-Gerlach deflection of field-free aligned paramagnetic molecules [J]. Journal of Chemical Physics, 2011, 135 (19): 194310.

[95] Kim L Y, Lee J H, Kim H A, et al. Effect of rotational-state-dependent molecular alignment on the optical dipole force [J]. Physical Review A, 2016, 94 (1): 013428.

[96] Reuter M G, Sukharev M, Seideman T. Laser field alignment of organic molecules on semiconductor surfaces: Toward ultrafast molecular switches [J]. Physical Review Letters, 2008, 101 (20): 208303.

[97] Cai L, Friedrich B. Recurring molecular alignment induced by pulsed nonresonant laser fields [J]. Collection of Czechoslovak Chemical Communications, 2001, 66 (7): 991-1004.

[98] Larsen J J, Hald K, Bjerre N, et al. Three dimensional alignment of molecules using elliptically polarized laser fields [J]. Physical Review Letters, 2000, 85 (12): 2470-2473.

[99] Korech O, Steinitz U, Gordon R J, et al. Observing molecular spinning via the rotational Doppler effect [J]. Nature Photonics, 2013, 7 (9): 711-714.

[100] Korobenko A, Milner A A, Milner V. Direct observation, study, and control of molecular superrotors [J]. Physical Review Letters, 2014, 112 (11): 113004.

[101] Karras G, Ndong M, Hertz E, et al. Polarization shaping for unidirectional rotational motion of molecules [J]. Physical Review Letters, 2015, 114 (10): 103001.

[102] Babilotte P K, Hamraoui K, Billard F, et al. Observation of the field-free orientation of a symmetric-top molecule by terahertz laser pulses at high temperature [J]. Physical Review A, 2016, 94 (4): 043403.

[103] Fleischer S, Zhou Y, Field R W, et al. Molecular orientation and alignment by intense singlecycle THz pulses [J]. Physical Review Letters, 2011, 107 (16): 163603.

[104] De S, Znakovskaya I, Ray D, et al. Field-free orientation of CO molecules by femtosecond twocolor laser fields [J]. Physical Review Letters, 2009, 103 (15): 153002.

[105] Vrakking M J J, Stolte S. Coherent control of molecular orientation [J]. Chemical Physics Letters, 1997, 271 (4-6): 209-215.

[106] Tehini R, Sugny D. Field-free molecular orientation by nonresonant and quasiresonant two-color laser pulses [J]. Physical Review A, 2008, 77 (2): 023407.

[107] Kraus P M, Baykusheva D, Woerner H J. Two-pulse field-free orientation reveals anisotropy of molecular shape resonance [J]. Physical Review Letters, 2014, 113 (2): 023001.

[108] Spanner M, Patchkovskii S, Frumker E, et al. Mechanisms of two-color laser-induced field-free molecular orientation [J]. Physical Review Letters, 2012, 109 (11): 113001.

[109] Znakovskaya I, Spanner M, De S, et al. Transition between mechanisms of laser-induced field-free molecular orientation [J]. Physical Review Letters, 2014, 112 (11): 113005.

[110] Wu J, Zeng H. Field-free molecular orientation control by two ultrashort dual-color laser pulses [J]. Physical Review A, 2010, 81 (5): 053401.

[111] Qin C C, Liu Y Z, Zhang X Z, et al. Phase-dependent field-free molecular alignment and orientation [J]. Physical Review A, 2014, 90 (5): 053429.

[112] Yun H, Kim H T, Kim C M, et al. Parity-selective enhancement of field-free molecular orientation in an intense two-color laser field [J]. Physical Review A, 2011, 84 (6): 065401.

[113] Tehini R, Hoque M Z, Faucher O, et al. Field-free molecular orientation of $^1\Sigma$ and $^2\Pi$ molecules at high temperature [J]. Physical Review A, 2012, 85 (4): 043423.

[114] Zhang S, Lu C, Jia T, et al. Controlling field-free molecular orientation with combined singleand dual-color laser pulses [J]. Physical Review A, 2011, 83 (4): 043410.

[115] Ren X, Makhija V, Li H, et al. Alignment-assisted field-free orientation of rotationally cold CO molecules [J]. Physical Review A, 2014, 90 (1): 013419.

[116] Zhang S, Shi J H, Zhang H, et al. Field-free molecular orientation by a multicolor laser field [J].

Physical Review A，2011，83（2）：023416.

[117] Chen C，Wu J，Zeng H. Nonadiabatic molecular orientation by polarization-gated ultrashort laser pulses [J]. Physical Review A，2010，82（3）：033409.

[118] Zhdanov D V，Zadkov V N. Laser-assisted control of molecular orientation at high temperatures [J]. Physical Review A，2008，77（1）：011401.

[119] Dion C M，Keller A，Atabek O，et al. Laser-induced alignment dynamics of HCN：Roles of the permanent dipole moment and the polarizability [J]. Physical Review A，1999，59（2）：1382-1391.

[120] Machholm M，Henriksen N E. Two-pulse laser control for selective photofragment orientation [J]. Journal of Chemical Physics，1999，111（7）：3051-3057.

[121] Machholm M，Henriksen N E. Field-free orientation of molecules [J]. Physical Review Letters，2001，87（19）：193001.

[122] Matos-Abiague A，Berakdar J. Sustainable orientation of polar molecules induced by half-cycle pulses [J]. Physical Review A，2003，68（6）：063411.

[123] Ortigoso J. Mechanism of molecular orientation by single-cycle pulses [J]. Journal of Chemical Physics，2012，137（4）：044303.

[124] Sugny D，Keller A，Atabek O，et al. Time-dependent unitary perturbation theory for intense laser-driven molecular orientation [J]. Physical Review A，2004，69（4）：043407.

[125] Shu C C，Henriksen N E. Field-free molecular orientation induced by single-cycle THz pulses：The role of resonance and quantum interference [J]. Physical Review A，2013，87（1）：013408.

[126] Lapert M，Sugny D. Field-free molecular orientation by terahertz laser pulses at high temperature [J]. Physical Review A，2012，85（6）：063418.

[127] Sugny D，Keller A，Atabek O，et al. Reaching optimally oriented molecular states by laser kicks [J]. Physical Review A，2004，69（3）：033402.

[128] Dion C M，Keller A，Atabek O. Optimally controlled field-free orientation of the kicked molecule [J]. Physical Review A，2005，72（2）：023402.

[129] Hu W H，Shu C C，Han Y C，et al. Enhancement of molecular field-free orientation by utilizing rovibrational excitation [J]. Chemical Physics Letters，2009，474（1-3）：222-226.

[130] Kitano K，Ishii N，Itatani J. High degree of molecular orientation by a combination of THz and femtosecond laser pulses [J]. Physical Review A，2011，84（5）：053408.

[131] Gershnabel E，Averbukh I S，Gordon R J. Enhanced molecular orientation induced by molecular antialignment [J]. Physical Review A，2006，74（5）：053414.

[132] Gershnabel E，Averbukh I S，Gordon R J. Orientation of molecules via laser-induced antialignment [J]. Physical Review A，2006，73（6）：061401.

[133] Daems D，Guerin S，Sugny D，et al. Efficient and long-lived field-free orientation of molecules by a single hybrid short pulse [J]. Physical Review Letters，2005，94（15）：153003.

[134] Shu C C, Yuan K J, Hu W H, et al. Controlling the orientation of polar molecules in a rovibrationally selective manner with an infrared laser pulse and a delayed half-cycle pulse [J]. Physical Review A, 2008, 78 (5): 055401.

[135] Egodapitiya K N, Li S, Jones R R. Terahertz-induced field-free orientation of rotationally excited molecules [J]. Physical Review Letters, 2014, 112 (10): 103002.

[136] Damari R, Kallush S, Fleischer S. Rotational control of asymmetric molecules: Dipole-versus polarizability-driven rotational dynamics [J]. Physical Review Letters, 2016, 117 (10): 103001.

[137] Li H, Li W X, Feng Y H, et al. Field-free molecular orientation by femtosecond dual-color and single-cycle THz fields [J]. Physical Review A, 2013, 88 (1): 013424.

[138] Shu C C, Yuan K J, Hu W H, et al. Carrier-envelope phase-dependent field-free molecular orientation [J]. Physical Review A, 2009, 80 (1): 011401.

[139] Qin C C, Tang Y, Wang Y M, et al. Field-free orientation of CO by a terahertz few-cycle pulse [J]. Physical Review A, 2012, 85 (5): 053415.

[140] Fleischer S, Field R W, Nelson K A. Commensurate two-quantum coherences induced by timedelayed THz fields [J]. Physical Review Letters, 2012, 109 (12): 123603.

[141] Wang B B, Han Y C, Cong S L. Molecular alignment effect on the photoassociation process via a pump-dump scheme [J]. Journal of Chemical Physics, 2015, 143 (9): 094303.

[142] Koch C P, Kosloff R, Luc-Koenig E, et al. Photoassociation with chirped laser pulses: Calculation of the absolute number of molecules per pulse [J]. Journal of Physics B: Atomic, Molecular and Optical Physics, 2006, 39 (19): S1017-S1041.

[143] Kallush S, Fleischer S. Orientation dynamics of asymmetric rotors using random phase wave functions [J]. Physical Review A, 2015, 91 (6): 063420.

[144] Iitaka T, Nomura S, Hirayama H, et al. Calculating the linear response functions of noninteracting electrons with a time-dependent Schrödinger equation [J]. Physical Review E, 1997, 56 (1): 1222-1229.

[145] Gelman D, Kosloff R. Simulating dissipative phenomena with a random phase thermal wavefunctions, high temperature application of the Surrogate Hamiltonian approach [J]. Chemical Physics Letters, 2003, 381 (1-2): 129-138.

[146] Nest M, Kosloff R. Quantum dynamical treatment of inelastic scattering of atoms at a surface at finite temperature: The random phase thermal wave function approach [J]. Journal of Chemical Physics, 2007, 127 (13): 134711.

[147] Lorenz U, Saalfrank P. Comparing thermal wave function methods for multi-configuration timedependent Hartree simulations [J]. Journal of Chemical Physics, 2014, 140 (4): 044106.

[148] Korolkov M V, Manz J, Paramonov G K, et al. Vibrationally state-selective photoassociation by infrared sub-picosecond laser pulses: Model simulations for O+H→OH [J]. Chemical Physics Letters, 1996, 260 (5-6): 604-610.

[149] de Lima E F, Hornos J E M. Multiphoton association by two infrared laser pulses [J]. Chemical Physics Letters, 2006, 433 (1-3): 48-53.

[150] Zhao Z Y, Han Y C, Yu J, et al. The influence of field-free orientation on the predissociation dynamics of the NaI molecule [J]. Journal of Chemical Physics, 2014, 140 (4): 044316.

[151] Zhao Z Y, Han Y C, Huang Y, et al. Field-free orientation by a single-cycle THz pulse: The NaI and IBr molecules [J]. Journal of Chemical Physics, 2013, 139 (4): 044305.

[152] Garraway B M, Suominen K A. Wave-packet dynamics: New physics and chemistry in femtotime [J]. Reports on Progress in Physics, 1995, 58 (4): 365-419.

[153] 王猛．冷与超冷原子光缔合和光缔合分子的振转冷却 [D]. 大连：大连理工大学，2019.

[154] Zhang R, Hu J W, Wang G R, et al. Steering photoassociation of cold Rb atoms by two-color slowly-turned-on and rapidly-turned-off laser pulses [J]. Journal of Physics B: Atomic, Molecular and Optical Physics, 2023, 56 (19): 195201.

[155] Hu J W, Han Y C. Investigation of photoassociation with full-dimensional thermal-random-phase wavefunctions [J]. Journal of Chemical Physics, 2021, 155 (6): 064108.

[156] Hu J W, Han Y C. The thermal-average effect on the field-free orientation of the NaI molecule with full-dimensional random-phase wavefunctions [J]. Chemical Physics Letters, 2021, 783: 139052.

[157] 牛英煜．飞秒激光场中极性双原子分子光缔合反应动力学研究 [D]. 大连：大连理工大学，2007.

[158] Zhang J Z H. Theory and application of quantum molecular dynamics [M]. Singapore: World Scientific Publishing Co. Pte. Ltd., 1999.

[159] Marston C C, Balint-Kurti G G. The Fourier grid Hamiltonian method for bound state eigenvalues and eigenfunctions [J]. Journal of Chemical Physics, 1989, 91 (6): 3571-3576.

[160] Kokoouline V, Dulieu O, Kosloff R. Mapped Fourier methods for long-range molecules: Application to perturbations in the Rb_2 (0_u^+) photoassociation spectrum [J]. Journal of Chemical Physics, 1999, 110 (20): 9865-9876.

[161] Willner K, Dulieu O, Masnou-Seeuws F. Mapped grid methods for long-range molecules and cold collisions [J]. Journal of Chemical Physics, 2004, 120 (2): 548-561.

[162] Kosloff R. Time-dependent quantum-mechanical methods for molecular dynamics [J]. Journal of Physical Chemistry, 1988, 92 (8): 2087-2100.

[163] Feit M D, Fleck J A, Steiger A. Solution of the Schrödinger equation by a spectral method [J]. Journal of Computational Physics, 1982, 47 (3): 412-433.

[164] Feit M D, Fleck J A. Solution of the Schrödinger equation by a spectral method II: Vibrational energy levels of triatomic molecules [J]. Journal of Chemical Physics, 1983, 78 (1): 301-308.

[165] McCullough E A, Wyatt R E. Dynamics of the collinear $H+H_2$ reaction. I. Probability density and flux [J]. Journal of Chemical Physics, 1971, 54 (8): 3578-3591.

[166] Tal-Ezer H, Kosloff R. An accurate and effcient scheme for propagating the time dependent Schrödinger equation [J]. Journal of Chemical Physics, 1984, 81 (9): 3967-3971.

[167] Harris D O, Engerholm G G, Gwinn W D. Calculation of matrix elements for one-dimensional quantum-mechanical problems and the application to anharmonic oscillators [J]. Journal of Chemical Physics, 1965, 43 (5): 1515-1517.

[168] Dickinson A S, Certain P R. Calculation of matrix elements for one-dimensional quantummechanical problems [J]. Journal of Chemical Physics, 1968, 49 (9): 4209-4211.

[169] Cropek D, Carney G D. A numerical variational method for calculating vibration intervals of bent triatomic molecules [J]. Journal of Chemical Physics, 1984, 80 (9): 4280-4285.

[170] Hamilton I P, Light J C. On distributed Gaussian bases for simple model multidimensional vibrational problems [J]. Journal of Chemical Physics, 1986, 84 (1): 306-317.

[171] Leforestier C. Grid representation of rotating triatomics [J]. Journal of Chemical Physics, 1991, 94 (10): 6388-6397.

[172] Choi S E, Light J C. Determination of the bound and quasibound states of Ar-HCl van der Waals complex: Discrete variable representation method [J]. Journal of Chemical Physics, 1990, 92 (4): 2129-2145.

[173] Muckerman J T. Some useful discrete variable representations for problems in time-dependent and time-independent quantum mechanics [J]. Chemical Physics Letters, 1990, 173 (2-3): 200-205.

[174] Echave J, Clary D C. Potential optimized discrete variable representation [J]. Chemical Physics Letters, 1992, 190 (3-4): 225-230.

[175] Feit M D, Fleck Jr J A. Wave packet dynamics and chaos in the Henon-Heiles system [J]. Journal of Chemical Physics, 1984, 80 (6): 2578-2584.

[176] Monnerville M, Robbe J M. Optical potential coupled to discrete variable representation for calculations of quasibound states: Application to the CO predissociating interaction [J]. Journal of Chemical Physics, 1994, 101 (9): 7580-7591.

[177] Dulieu O, Julienne P S. Coupled channel bound states calculations for alkali dimers using the Fourier grid method [J]. Journal of Chemical Physics, 1995, 103 (1): 60-66.

[178] Fattal E, Baer R, Kosloff R. Phase space approach for optimizing grid representations: The mapped Fourier method [J]. Physical Review E, 1996, 53 (1): 1217-1227.

[179] 元凯军. 超短脉冲激光场中小分子激发与电离动力学研究 [D]. 大连: 大连理工大学, 2007.

[180] 章立源, 林宗涵, 包科达. 量子统计物理学 [M]. 北京, 北京大学出版社, 1987: 119-127.

[181] 汪志诚. 热力学·统计物理 [M]. 北京, 高等教育出版社, 2008: 261-262.

[182] Numico R, Keller A, Atabek O. Intense-laser-induced alignment in angularly resolved photofragment distributions of H_2^+ [J]. Physical Review A, 1999, 60 (1): 406-413.

[183] Peletminskii A S, Peletminskii S V, Slyusarenko Y V. Bose-Einstein condensation of heteronuclear bound states formed in a Fermi gas of two atomic species: A microscopic approach [J]. Journal of

Physics B：Atomic，Molecular and Optical Physics，2017，50（14）：145301.

［184］ Dieterle T，Berngruber M，Hoelzl C，et al. Inelastic collision dynamics of a single cold ion immersed in a Bose-Einstein condensate［J］. Physical Review A，2020，102（4）：041301.

［185］ Ota M，Tajima H，Hanai R，et al. Local photoemission spectra and effects of spatial inhomogeneity in the BCS-BEC-crossover regime of a trapped ultracold Fermi gas［J］. Physical Review A，2017，95（5）：053623.

［186］ Kon W Y，Aman J A，Hill J C，et al. High-intensity two-frequency photoassociation spectroscopy of a weakly bound molecular state：Theory and experiment［J］. Physical Review A，2019，100（1）：013408.

［187］ Carr L D，DeMille D，Krems R V，et al. Cold and ultracold molecules：Science，technology and applications［J］. New Journal of Physics，2009，11：055049.

［188］ Blackmore J A，Caldwell L，Gregory P D，et al. Ultracold molecules for quantum simulation：Rotational coherences in CaF and RbCs［J］. Quantum Science and Technology，2019，4（1）：014010.

［189］ Mullins T，Salzmann W，Goetz S，et al. Photoassociation and coherent transient dynamics in the interaction of ultracold rubidium atoms with shaped femtosecond pulses. I. Experiment［J］. Physical Review A，2009，80（6）：063416.

［190］ Krupp A T，Gaj A，Balewski J B，et al. Alignment of D-state Rydberg molecules［J］. Physical Review Letters，2014，112（14）：143008.

［191］ Machholm M，Giustisuzor A，Mies F H. Photoassociation of atoms in ultracold collisions probed by wave-packet dynamics［J］. Physical Review A，1994，50（6）：5025-5036.

［192］ Boesten H M J M，Tsai C C，Heinzen D J，et al. Time-independent and time-dependent photoassociation of spin-polarized rubidium［J］. Journal of Physics B：Atomic，Molecular and Optical Physics，1999，32（2）：287-308.

［193］ Fatemi F，Jones K M，Wang H，et al. Dynamics of photoinduced collisions of cold atoms probed with picosecond laser pulses［J］. Physical Review A，2001，64（3）：033421.

［194］ Haimberger C，Kleinert J，Dulieu O，et al. Processes in the formation of ultracold NaCs［J］. Journal of Physics B：Atomic，Molecular and Optical Physics，2006，39（19）：S957-S963.

［195］ Pichler M，Stwalley W C，Dulieu O. Perturbation effects in photoassociation spectra of ultracold Cs_2［J］. Journal of Physics B：Atomic，Molecular and Optical Physics，2006，39（19）：S981-S992.

［196］ Shen P R，Han Y C，Li J L，et al. The isotope effect on the photoassociation of $X+F \rightarrow XF$（X＝H，D）［J］. Laser Physics Letters，2015，12（4）：045302.

［197］ Han Y C. Above-threshold dissociation occurring during photoassociation［J］. Laser Physics Letters，2017，14（12）：125302.

［198］ Perez-Rios J，Lepers M，Dulieu O. Theory of long-range ultracold atom-molecule photoassociation

[J]. Physical Review Letters, 2015, 115 (7): 073201.

[199] Taie S, Watanabe S, Ichinose T, et al. Feshbach-resonance-enhanced coherent atom-molecule conversion with ultranarrow photoassociation resonance [J]. Physical Review Letters, 2016, 116 (4): 043202.

[200] Chandre C, Mahecha J, Pablo S J. Driving the formation of the RbCs dimer by a laser pulse: A nonlinear-dynamics approach [J]. Physical Review A, 2017, 95 (3): 033424.

[201] Luc-Koenig E, Vatasescu M, Masnou-Seeuws F. Optimizing the photoassociation of cold atoms by use of chirped laser pulses [J]. European Physical Journal D, 2004, 31 (2): 239-262.

[202] Feng G S, Li Y Q, Wang X F. Manipulation of photoassociation of ultracold Cs atoms with tunable scattering length by external magnetic fields [J]. Scientific Reports, 2017, 7: 13677.

[203] de Lima E F. Coherent control of the formation of cold heteronuclear molecules by photoassociation [J]. Physical Review A, 2017, 95 (1): 013411.

[204] Sugawara Y, Goban A, Minemoto S, et al. Laser-field-free molecular orientation with combined electrostatic and rapidly-turned-off laser fields [J]. Physical Review A, 2008, 77 (3): 031403.

[205] Hai Y, Hu X J, Li J L, et al. Efficient photoassociation of ultracold cesium atoms with picosecond pulse laser [J]. Molecular Physics, 2017, 115 (15-16): 1984-1991.

[206] Crubellier A, Luc-Koenig E. Threshold effects in the photoassociation of cold atoms: R^{-6} model in the Milne formalism [J]. Journal of Physics B: Atomic, Molecular and Optical Physics, 2006, 39 (6): 1417-1446.

[207] Comparat D, Drag C, Tolra B L, et al. Formation of cold Cs ground state molecules through photoassociation in the pure long-range state [J]. European Physical Journal D, 2000, 11 (1): 59-71.

[208] Zeman V, Shapiro M, Brumer P. Coherent control of resonance-mediated reactions: F+HD [J]. Physical Review Letters, 2004, 92 (13): 133204.

[209] Yuan K J, Sun Z G, Cong S L, et al. Molecular photoelectron spectrum in ultrashort laser fields: Autler-Townes splitting under rotational and aligned effects [J]. Physical Review A, 2006, 74 (4): 043421.

[210] Guo Y, Shu C C, Dong D Y, et al. Vanishing and revival of resonance Raman scattering [J]. Physical Review Letters, 2019, 123 (22): 223202.

[211] Sussman B J, Ivanov M Y, Stolow A. Nonperturbative quantum control via the nonresonant dynamic Stark effect [J]. Physical Review A, 2005, 71 (5): 051401.

[212] Bandrauk A D. Molecules in laser fields [J]. Frontiers of Chemical Dynamics, 1995, 470: 131-150.

[213] Han Y C, Wang S M, Yuan K J, et al. The effect of the coupling between valence state $B^2\Pi$ and Rydberg state $C^2\Pi$ on the absorption spectrum of the NO molecule [J]. Journal of Theoretical and Computational Chemistry, 2006, 5 (4): 743-752.

[214] Garzon-Ramirez A J, Lopez J G, Arango C A. Bond selective dissociation of the BrHBr transition state complex using linear chirp laser pulses [J]. International Journal of Quantum Chemistry,

2018, 118 (24): e25784.

[215] Huang W, Shore B W, Rangelov A, et al. Adiabatic following for a three-state quantum system [J]. Optics Communications, 2017, 382: 196-200.

[216] Sarkar C, Bhattacharyya S S, Saha S. Role of higher excited electronic states on high harmonic generation in H_2^+—a time-independent Hermitian Floquet approach [J]. Journal of Chemical Physics, 2011, 134 (2): 024304.

[217] Miao X Y, Zhang C P. Multichannel recombination in high-order-harmonic generation from asymmetric molecular ions [J]. Physical Review A, 2014, 89 (3): 033410.

[218] Zhang W, Xie T, Huang Y, et al. Enhancing photoassociation efficiency by using a picosecond laser pulse with cubic-phase modulation [J]. Physical Review A, 2011, 84 (6): 065406.

[219] Tesch C M, de Vivie-Riedle R. Quantum computation with vibrationally excited molecules [J]. Physical Review Letters, 2002, 89 (15): 157901.

[220] Witte T, Yeston J S, Motzkus M, et al. Femtosecond infrared coherent excitation of liquid phase vibrational population distributions [J]. Chemical Physics Letters, 2004, 392 (1-3): 156-161.

[221] Wang J, Liu F, Yue D G, et al. Influence of laser fields on the vibrational population of molecules and its wave-packet dynamical investigation [J]. Chinese Physics B, 2010, 19 (12): 123301.

[222] McCaffery A J, Pritchard M, Turner J F C, et al. Quantum state-resolved energy redistribution in gas ensembles containing highly excited N_2 [J]. Journal of Chemical Physics, 2011, 134 (4): 044317.

[223] Kim K, Johnson A M, Powell A L, et al. High resolution IR diode laser study of collisional energy transfer between highly vibrationally excited monofluorobenzene and CO_2: The effect of donor fluorination on strong collision energy transfer [J]. Journal of Chemical Physics, 2014, 141 (23): 234306.

[224] Kozich V, Werncke W, Dreyer J, et al. Vibrational excitation and energy redistribution after ultrafast internal conversion in 4-nitroaniline [J]. Journal of Chemical Physics, 2002, 117 (2): 719-726.

[225] Mukherjee N, Perreault W E, Zare R N. Stark-induced adiabatic Raman ladder for preparing highly vibrationally excited quantum states of molecular hydrogen [J]. Journal of Physics B: Atomic, Molecular and Optical Physics, 2017, 50 (14): 144005.

[226] Zhang L L, Gao S B, Song Y Z, et al. The manifestation of vibrational excitation effect in reactions C+SH (v=0-20, j=0) → H+CS, S+CH [J]. Journal of Physics B: Atomic, Molecular and Optical Physics, 2018, 51 (6): 065202.

[227] Li L, Dong S L. Intrinsic product polarization and branch ratio in the S (^1D, ^3P) +HD reaction on three electronic states [J]. Chinese Physics B, 2016, 25 (9): 093401.

[228] Malinovsky V S, Sola I R. Quantum phase control of entanglement [J]. Physical Review Letters, 2004, 93 (19): 190502.

[229] Brown E J, Zhang Q G, Dantus M. Femtosecond transient-grating techniques: Population and coherence

dynamics involving ground and excited states [J]. Journal of Chemical Physics, 1999, 110 (12): 5772-5788.

[230] Wang S M, Yuan K J, Niu Y Y, et al. Phase control of the photofragment branching ratio of the HI molecule in two intense few-cycle laser pulses [J]. Physical Review A, 2006, 74 (4): 043406.

[231] Werther M, Grossmann F. Stabilization of adiabatic population transfer by strong coupling to a phonon bath [J]. Physical Review A, 2020, 102 (6): 063710.

[232] Rickes T, Yatsenko L P, Steuerwald S, et al. Efficient adiabatic population transfer by two-photon excitation assisted by a laser-induced Stark shift [J]. Journal of Chemical Physics, 2000, 113 (2): 534-546.

[233] Chen Y Z, Wang S. Selective excitation of vibrational states in three-state Na_2 molecule by a chirped laser pulse [J]. Laser Physics, 2020, 30 (11): 115701.

[234] Fedoseev V, Luna F, Hedgepeth I, et al. Stimulated Raman adiabatic passage in optomechanics [J]. Physical Review Letters, 2021, 126 (11): 113601.

[235] Yang X H, Zhang Z H, Wang Z, et al. Ultrafast coherent population transfer driven by two few-cycle laser pulses [J]. European Physical Journal D, 2010, 57 (2): 253-258.

[236] Grigoryan G G, Leroy C, Pashayan-Leroy Y, et al. Stimulated Raman adiabatic passage via bright state in Lambda medium of unequal oscillator strengths [J]. European Physical Journal D, 2012, 66 (10): 256.

[237] Huang W, Zhu B H, Wu W, et al. Population transfer via a finite temperature state [J]. Physical Review A, 2020, 102 (4): 043714.

[238] Garraway B M, Suominen K A. Adiabatic passage by light-induced potentials in molecules [J]. Physical Review Letters, 1998, 80 (5): 932-935.

[239] Rodriguez M, Suominen K A, Garraway B M. Tailoring of vibrational state populations with light-induced potentials in molecules [J]. Physical Review A, 2000, 62 (5): 053413.

[240] Silberberg Y. Quantum coherent control for nonlinear spectroscopy and microscopy [J]. Annual Review of Physical Chemistry, 2009, 60: 277-292.

[241] Weeraratna C, Vasyutinskii O S, Suits A G. Photodissociation by circularly polarized light yields photofragment alignment in ozone arising solely from vibronic interactions [J]. Physical Review Letters, 2019, 122 (8): 083403.

[242] Suzuki Y. Communication: Photoionization of degenerate orbitals for randomly oriented molecules: The effect of time-reversal symmetry on recoil-ion momentum angular distributions [J]. Journal of Chemical Physics, 2018, 148 (15): 151101.

[243] Zhang B, Lein M. High-order harmonic generation from diatomic molecules in an orthogonally polarized two-color laser field [J]. Physical Review A, 2019, 100 (4): 043401.

[244] Loesch H J, Remscheid A. Brute force in molecular reaction dynamics-A novel technique for measuring

steric effects [J]. Journal of Chemical Physics, 1990, 93 (7): 4779-4790.

[245] Sakai K, Ikeda Y, Takagi K. Quantitative measurement system of molecular orientation by coaxial optical Kerr effect spectroscopy [J]. Review of Scientific Instruments, 2001, 72 (4): 1999-2002.

[246] Friedrich B, Herschbach D. Enhanced orientation of polar molecules by combined electrostatic and nonresonant induced dipole forces [J]. Journal of Chemical Physics, 1999, 111 (14): 6157-6160.

[247] Cai L, Marango J, Friedrich B. Time-dependent alignment and orientation of molecules in combined electrostatic and pulsed nonresonant laser fields [J]. Physical Review Letters, 2001, 86 (5): 775-778.

[248] Sakai H, Minemoto S, Nanjo H, et al. Controlling the orientation of polar molecules with combined electrostatic and pulsed, nonresonant laser fields [J]. Physical Review Letters, 2003, 90 (8): 083001.

[249] Holmegaard L, Nielsen J H, Nevo I, et al. Laser-induced alignment and orientation of quantumstate-selected large molecules [J]. Physical Review Letters, 2009, 102 (2): 023001.

[250] Ghafur O, Rouzee A, Gijsbertsen A, et al. Impulsive orientation and alignment of quantumstate-selected NO molecules [J]. Nature Physics, 2009, 5 (4): 289-293.

[251] Oda K, Hita M, Minemoto S, et al. All-optical molecular orientation [J]. Physical Review Letters, 2010, 104 (21): 213901.

[252] Zhang S, Lu C, Jia T, et al. Field-free molecular orientation enhanced by two dual-color laser subpulses [J]. Journal of Chemical Physics, 2011, 135 (3): 034301.

[253] Yoshida M, Ohtsuki Y. Orienting CO molecules with an optimal combination of THz and laser pulses: Optimal control simulation with specified pulse amplitude and fluence [J]. Physical Review A, 2014, 90 (1): 013415.

[254] Xu L, Tutunnikov I, Gershnabel E, et al. Long-lasting molecular orientation induced by a single terahertz pulse [J]. Physical Review Letters, 2020, 125 (1): 013201.

[255] Pang Y H, Han Y C, Zhao Z Y, et al. The influence of carrier envelope phase of single-cycle THz pulse on field-free orientation of NaI molecules [J]. European Physical Journal D, 2016, 70 (4): 94.

[256] Borgonovi F, Izrailev F M, Santos L F. Exponentially fast dynamics of chaotic many-body systems [J]. Physical Review E, 2019, 99 (1): 010101.

[257] Charron E, Suzor-Weiner A. Femtosecond dynamics of NaI ionization and dissociative ionization [J]. Journal of Chemical Physics, 1998, 108 (10): 3922-3931.

[258] Faist M B, Levine R D. Collisional ionization and elastic-scattering in alkali-halogen atom collisions [J]. Journal of Chemical Physics, 1976, 64 (7): 2953-2970.

[259] Peslherbe G H, Bianco R, Hynes J T, et al. On the photodissociation of alkali-metal halides in solution [J]. Journal of the Chemical Society-Faraday Transactions, 1997, 93 (5): 977-988.

[260] Shu C C, Hong Q Q, Guo Y, et al. Orientational quantum revivals induced by a single-cycle terahertz pulse [J]. Physical Review A, 2020, 102 (6): 063124.